HAFEN HAMBURG

HAFEN HAMBURG

Photographie:

JÜRGEN WIECHMANN

Text und Gestaltung:

CLAUS LAFRENZ

Zweite erweiterte Auflage 1964

CRAM, DE GRUYTER & CO · HAMBURG

Umschlagbild:
Hans Hartz, Hamburg
Karte und Illustrationen auf dem Vorsatzpapier:
Albert Ott, Buchholz in der Nordheide
Die Vorlagen zu den Bildern im Textteil stellte uns
das Bildarchiv des Museums für Hamburgische Geschichte
zur Verfügung

Klischees: Alexander & Weinert, Hamburg 26
Gesamtherstellung:
Christian Wolff, Graphische Betriebe GmbH, Flensburg

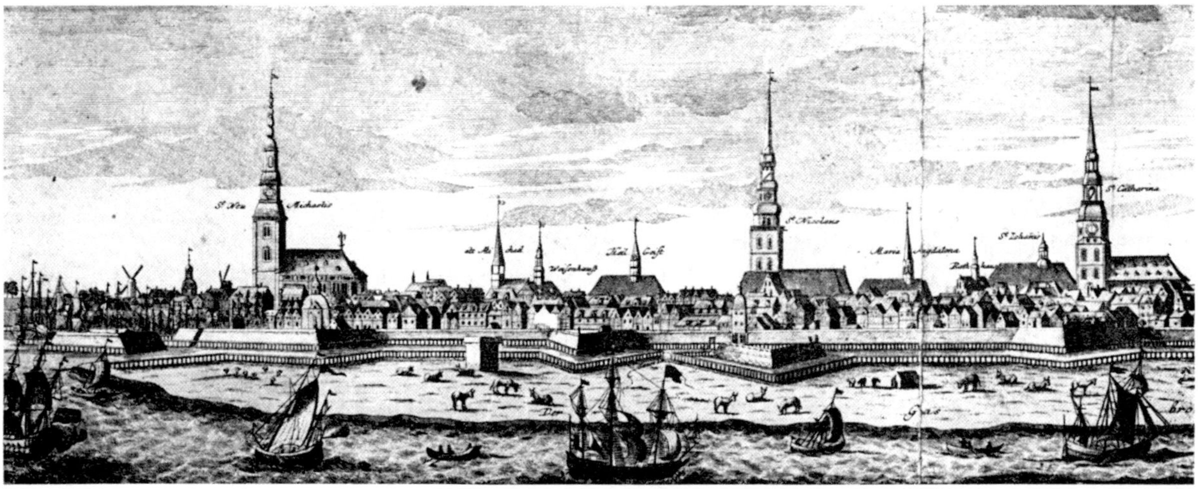

Die Hansestadt Hamburg im Schutz des Walles

Zu Beginn des Dreißigjährigen Krieges ließen die damals etwa 50 000 Hamburger rings um ihre Stadt eine neue Befestigungsanlage aufwerfen, die zu den stärksten Europas zählte. Auch am Elbufer bauten sie Wälle und Bastionen, und der Hafen lag gleichfalls in ihrem Schutz.

HAFEN HAMBURG – seien wir ehrlich – dieser Begriff ist den Hanseaten von der Alster gar nicht recht geläufig. Im allgemeinen pflegt man hier »der Hamburger Hafen« zu sagen. Hafen Hamburg, das ist mehr die offizielle Bezeichnung. Jedoch – deshalb haben wir diesen Titel nicht gewählt. Wäre das »Offizielle« das Maß der Dinge, dann hätte wohl manches Bild von weitbekannter Postkartenherrlichkeit nicht einfach fehlen dürfen, weder die obligate Luftaufnahme von der »Vielzahl der sich fächerförmig ausbreitenden Hafenbecken«, noch das Bild vom Elbtunnel, noch das Photo vom idyllischen Blankenese oder die fachgerechte Darstellung der unter Experten nachgerade weltberühmten »Hamburger Kai-Aufteilung«. Wobei wir zugeben müssen: den Michel haben wir durchaus im Bild; und der Uhrturm der St.-Pauli-Landungsbrücken ist auch zu sehen. An einigen Berühmtheiten kommt man eben doch nicht vorbei, auch dann nicht, wenn man vorwiegend das Ziel verfolgt, vom Hafen mehr zu zeigen, als er bei einer Stippvisite offenbart, darzustellen, was er tatsächlich ist: der nach wie vor bedeutsamste Arbeitsplatz der 1,8-Millionen-Stadt und ein Hauptknotenpunkt der internationalen Schiffahrt. Gleichfalls zugegeben: eine Antwort auf die Frage, warum »Hafen Hamburg« und warum nicht umgekehrt, ist das keineswegs. Sie soll indes nicht verschwiegen werden.

Wir meinen: »Hafen Hamburg« deshalb, weil der Hafen seit nunmehr fast achthundert Jahren gleichbedeutend ist mit dieser Stadt; weil deren Entwicklung, deren Geist, deren Größe und deren Stellung als selbständiges Staatswesen nicht denkbar wären ohne das, was man schlicht den »Hafen« nennt. Das gilt für das Einst und um keinen Deut weniger für das Heute. Mag in jetziger Zeit auch noch so viel von der dreigeteilten hamburgischen Wirtschaft die Rede sein, von den drei Säulen Handel, Verkehr (sprich: Schiffahrt) und Industrie – Handel und Verkehr haben schon immer eine untrennbare Einheit gebildet; und was die Industrie, die besonders nach dem zweiten Weltkrieg einen großen Aufschwung genommen hat, betrifft: ohne die rohstoffbeladenen schweren Frachter und ohne die Umschlagplätze im Hafen wäre Hamburg nie und nimmer auch zur größten deutschen Industriestadt aufgestiegen. Allein der Hafen und sein Handel sind es, die diese Stadt zu einem Platz von internationaler Bedeutung machen. Und es ist allenfalls eine ganz leichte Übertreibung, wenn man sagt, daß keineswegs jeder Ausländer, der an die Alster kommt, auch das Bedürfnis hat, Bonn kennenzulernen; daß es umgekehrt aber keinem Bonn-Besucher fremder Zunge einfällt, an Hamburg vorbeizufahren.

Jedoch, mit dem Wort »Hafen« ist es bei uns so eine Sache. Es steht für sehr vieles. Wo die Engländer von harbours, ports und docks sprechen, da kennen wir nur Häfen. Wir haben Stückguthäfen, Tankschiffhäfen, Binnenschiffhäfen, Wendehäfen, Werfthäfen, und alle haben sie ihren Namen, von Hansa bis Südwest, von Kuhwerder bis Kaiser Wilhelm. Einen Segelschiffhafen haben wir immer noch, der Kohlenschiffhafen fehlt nicht, der Reiherstieg und der Grenzkanal sind gleichfalls

Häfen, und lediglich in Harburg, wo ein knappes dreiviertel Jahrhundert lang eine preußisch-spartanische Ordnung geherrscht hat, da gibt es nur Nummern: Seehafen I, Seehafen II, Seehafen III, Seehafen IV . . .

Das Ganze unter einen Hut gebracht heißt, daß der Hafen Hamburg genau die Summe dieser vielen Spezialhäfen ist. Weshalb auch die Experten ihn einen Universalhafen von geradezu klassischer Vielfältigkeit nennen. Entsprechend sind seine Dimensionen. Sagt ein Hamburger, er fahre mal eben in den Hafen, und nennt er dabei keinen Namen, dann soll man ihn anschließend lieber nicht suchen wollen. Denn in solchem Fall ist das ganze große Areal zwischen Finkenwerder und den Elbbrücken, zwischen dem Nordufer der Norderelbe und dem Südufer der Süderelbe bei Harburg gemeint. Und das sind in der einen Richtung fünfzehn und in der anderen neun Kilometer. Das ist eine Fläche von rund 75 Quadratkilometern, ziemlich genau ein Zehntel des hamburgischen Staatsgebietes und so viel, daß man darauf bequem eine mittlere Großstadt errichten könnte.

Was auf dieser Fläche versammelt ist, darf man mit einigem Recht imposant nennen: 36 Seeschiffhäfen und 23 Flußschiffhäfen; Liegeplätze für rund 300 Frachtschiffe des Überseeverkehrs und der Küstenfahrt; 65 Kaischuppen mit einer Lagerfläche für Stückgüter von nahezu 600 000 Quadratmetern; Speicher und Hallen für die Waren aus aller Welt mit 520 000 Quadratmetern; Tanklager für 2,9 Millionen Kubikmeter Mineralöl; Getreidesilos, die mehr als 500 000 Tonnen fassen; Werften aller Größen, die zusammen 30 000 Mann beschäftigen; Fabriken und Verarbeitungsbetriebe aller Art, darunter drei bedeutende Erdölraffinerien. Allein im Freihafen, dem 16 Quadratkilometer großen (zollneutralen) Kerngebiet des Hafens, haben rund 60 000 ihren Werkplatz oder Schreibtisch oder ihre Arbeit an Bord und am Kai; doch ist es ganz unmöglich, die Zahl derer exakt zu nennen, die im Hafen oder für den Hafen tätig sind – denn wie gesagt: der Hafen, das ist, großzügig ausgelegt, eigentlich ganz Hamburg.

Ein Spötter übrigens, der sich einmal über die Gattung Hafen ausgelassen hat, schloß seine Betrachtung ab mit den Worten: ». . . und dann gibt es noch den ‚schnellen Hafen Hamburg'!« Wozu es anzumerken gilt: in der Hansestadt nimmt man diesen Werbeslogan äußerst ernst. Würde man hier keine schnelle Arbeit leisten, würde man nicht jedes Schiff sofort anfassen,

Der Hafen um etwa 1600, als der große Befestigungsring noch nicht gebaut war

In der Bildmitte (gekrümmt) der älteste Hafen der Stadt, das heutige Nikolai-Fleet; links davon der Niederhafen, der mit Palisadenreihen zum Strom hin abgegrenzt war und nachts durch schwimmende Bäume geschlossen wurde.

um seine pünktliche Abfahrt zu garantieren – ohne einen ausgezeichneten Kundendienst wäre in diesem Hafen, den die nur 50 Kilometer entfernte Zonengrenze vom größten Teil seines einstigen Hinterlandes weitgehend abschließt, schwerlich wieder ein Umschlag von alljährlich mehr als 30 Millionen Tonnen Güter erreicht worden; dieser Hafen wäre nicht der Heimathafen von mehr als der Hälfte der deutschen Handelsflotte, würde im Jahr nicht von 20000 Seeschiffen aus 50 Nationen angelaufen, hätte nicht wieder Linienverbindungen zu 1100 Häfen in allen Kontinenten, wäre nicht den Kriegszerstörungen und der Spaltung Deutschlands zum Trotz der Umschlagsmenge nach hinter Rotterdam und Antwerpen der drittgrößte Hafen auf dem Kontinent.

Hamburg liegt nicht an der See, sondern tief im Binnenland, hundert Kilometer tief. Und der »Salzgeschmack auf der Zunge« ist allenfalls Dichtung, Seemannsgarn. Für manchen, der zum ersten Male auf den St.-Pauli-Landungsbrücken steht, ist das trotz aller Imposanz der Schiffe, Kräne, Werften eine Enttäuschung. Jedoch: allein dort, wo der Elbstrom den ersten Brückenschlag zwischen Mitteleuropa und dem Norden gestattet, dort, wo die Elbe zugleich zur weit nach Zentraleuropa hineinreichenden Binnenwasserstraße wird, konnte sich der Welthafen entwickeln. Und wenn auch Pläne bestehen, draußen im 110 Kilometer entfernten Wattenmeer vor Cuxhaven, bei der Insel Neuwerk, einen Vorhafen für Superschiffe zu bauen – man soll sich davon doch nicht täuschen lassen. Ein solcher Vorhafen wird allein ein Industriehafen werden, für Eisenhütten etwa oder Erdölraffinerien. Das »Herzstück« des Hafens wird bleiben, wo es ist. Denn die Güter aus aller Welt und die Güter, die in alle Welt gehen, sie können nicht gelöscht und geladen werden ohne die unmittelbare Nähe jener, die sie importieren und exportieren. Gemeint sind die Kaufleute. Und diese, als gute Rechner bekannt, werden sich hüten, ihren Hafen mit der Elbmündung zu vertauschen. Denn es gibt kein Transportmittel, das preiswerter wäre als ein Schiff. Man wird es deshalb auch künftig so weit wie möglich ins Land hineinfahren lassen.

Mancher wird auch enttäuscht sein, wenn er hört, daß das, was man den »Welthafen« Hamburg nennt, eigentlich noch keine hundert Jahre alt ist. Es läßt sich jedoch nicht leugnen. Als man Lübeck die »Königin der Hanse« und Brügge den »Stapel der Christenheit« hieß, da spielten die Hanseaten von der Alster nur eine zweite Geige im Orchester der großen Häfen. Und als Antwerpen, London, Lissabon, Amsterdam die Umschlagplätze für die Waren aus den Kolonien der neuen

Einst am Baumwall

»Werftarbeit« vor einigen hundert Jahren: ein Schiff wird überholt.

Kontinente waren, da blieb den hamburgischen Kaufleuten nur eine Art Zwischenhandel mit den portugiesischen, spanischen, britischen und niederländischen Kaufherren, denen mächtige Staaten ihre Monopole in Übersee sicherten. Daß sie diesen Zwischenhandel sehr eifrig und gewinnbringend betrieben haben, daß sie damals in Deutschland die führenden Importeure von »Kolonialwaren« gewesen sind, nun, das versteht sich am Rande. Es stimmt auch nicht, daß die Hamburger bereits seit den Tagen der Hanse Bürger einer freien Reichsstadt waren; sie sind es erst seit 1618 und konnten die letzte Bindung an den Herzog von Holstein, der zugleich dänischer König war, gar erst 1768 lösen.

Die Hanseaten waren nicht einmal die berühmten Seefahrer, für die sie überall gelten. Eher ist das Gegenteil der Fall. Zur Hansezeit zum Beispiel, als die Lübecker ihre große Flotte hatten und die benachbarten Bremer nicht nur den Handel, sondern auch die Schiffahrt selbst in ziemlich großem Umfang betrieben, besaßen die Hamburger nur relativ wenige der dickbauchigen und hochbordigen Koggen. Sie ließen ihre Waren vorwiegend von anderen befördern. Das blieb so bis ins 19. Jahrhundert hinein – die britische Flagge spielte im Hafen die dominierende Rolle. Und die große Zeit der hamburgischen Grönlandfahrt (des Walfangs im Nordmeer), die zweihundert Jahre lang eine unbestreitbar bedeutsame seemännische Leistung war, ist

»Der Schiffe Mastenwald« an den Vorsetzen in der Mitte des 19. Jahrhunderts

Das Elbufer nach der winterlichen Orkanflut des 9. Januars 1839

nicht von den alteingesessenen Geschlechtern, sondern um die Mitte des 17. Jahrhunderts von zugezogenen Niederländern in Gang und zur Blüte gebracht worden.

Fragt man die heutigen Hamburger gar nach einem Seehelden – die meisten werden keinen nennen können. Die Seeräuber Klaus Störtebeker und Godeke Michels, die ihrem Handel einst so großen Abbruch taten, sind viel mehr in ihr Bewußtsein eingegangen als deren Bezwinger. Allenfalls rühmen sie »ihren« Simon von Utrecht (der, wie schon der Name verrät, ein westfriesischer Niederländer in ihren Diensten gewesen ist), und sie unterschlagen sicherlich, daß der Kommandeur, der die beiden Seeräuber 1401 und 1402 bei Helgoland zur Strecke brachte, Nikolaus Schoke hieß und Ratsherr war in ihrer Stadt. Damit jedoch Simon von Utrecht, dem hamburgischen Seehelden, dem man im allgemeinen diese Tat zurechnet, kein Unrecht widerfahre, bleibe nicht unerwähnt, daß er als junger Mann schon bei Helgoland dabeigewesen ist und daß er die Seeräuber schließlich in der Emsmündung endgültig aufs Haupt geschlagen hat, gut drei Jahrzehnte später. Sein Flaggschiff war »De bunte Koh vun Flandern«, am Bug geschmückt mit einer mächtigen Hörnerzier.

So erhebt sich die Frage, was denn um alles in der Welt dieses Hamburg nun tatsächlich ist. Man braucht den Kontrapunkt zu dem eben Gesagten nicht unbedingt zu setzen. Er ist da, seit acht Jahrhunderten: ein blühendes Gemeinwesen, eine stets motorische Hafenstadt von Rang. Ihre Bürger haben es verstanden, mit der Zeit zu gehen und im entscheidenden Augenblick die Gunst der Lage zu nutzen; sie haben in ihr Tun nie zu viel investiert, aber auch nie zu wenig und sogar eine sehr große Menge, wenn es darauf ankam; sie haben fast immer das eine getan, ohne das andere zu lassen; und sie haben sich den Frieden lieber mit dem Wort erstritten als mit dem Schwert – wenn es denn gar nicht anders ging, haben sie auch tief in den Beutel gegriffen und ihn erkauft. Denn sie waren und sie sind Kaufleute, Kaufleute, die an fremden Küsten Handel und Produktion ankurbelten und dabei vielfältige Risiken eingingen. Das hat sie davor bewahrt, wie kühne Entdecker, Seefahrer oder Krieger übermütig zu werden; und das hat sie zum anderen gezwungen, stets und ständig Neues zu unternehmen. Das hat sie ebenso zu den vielzitierten »Krämerseelen« werden lassen wie zu einer Gemeinschaft, die sich nie gesträubt hat, frischen Kräften eine Chance zu geben. Denn der Handel gedeiht nicht, wenn man sich auf seinen Lorbeeren ausruht; und er ist nicht von Dauer, wenn der notwendige finanzielle Rückhalt fehlt, mit dem unvorhergesehene Verluste ausgeglichen werden können.

Die Hamburger haben nie einen »erblichen Bürgeradel«, ein Patriziat, gekannt. Zu den Führenden aufsteigen konnte jeder – er mußte nur ein tüchtiger und wohlhabender Kaufmann sein. Nach dem Woher fragte man nicht. So waren die Been, die Amsinck, die Roosen, die van der Smissen, die im 16. Jahrhundert die ersten Walfänger ins Nordmeer schickten, aus ihrer Heimat vertriebene mennonitische Niederländer (von denen es zeitweise in der 40000-Seelen-Stadt nicht weniger als 10000 gegeben hat); so war Robert Miles Sloman, der vor mehr als hundert Jahren die ersten hamburgischen Dampfschiffe nach Amerika fahren ließ, der Sohn eines Einwanderers aus England; so hat der weltberühmte Segelschiffsreeder Ferdinand Laeisz als Hutmacher schwäbischer Herkunft begonnen; so sind die Godeffroy ebenso wie die de Chapeaurouge französischen Geblüts; so war der Vater des bedeutenden Afrika-Reeders Adolph Woermann ein aus Bielefeld zugezogener Leinenkaufmann; so war Johannes Dalmann, der in der Mitte des 19. Jahrhunderts die Idee hatte, den neuen Hamburger Hafen als offenen Tidehafen zu bauen und sie gegen den Widerstand der vielen Anhänger des Docksystems in langwierigem Streit endlich durchsetzte, gebürtiger Lübecker; so war Albert Ballin, der die Hamburg-Amerika-Linie in wenigen Jahrzehnten zur damals größten Reederei der Welt machte und entscheidenden Anteil hatte am Aufstieg der Stadt zum Welthafen, ein Bürger jüdischen Glaubens. Jude auch war Heinrich Heines Onkel Salomon Heine, der im Jahre 1842, als nach dem großen Brand weite Teile Hamburgs in Schutt und Asche lagen, als alle verzagten, als selbst die größten Handelshäuser glaubten, ihren Verpflichtungen nicht mehr nachkommen zu können, einer ganzen Stadt wieder Mut machte, indem er mit Entschiedenheit erklärte: »Ich denke auch nicht einen Augenblick daran, meine Zahlungen zu suspendieren.« – Es ist offenbar das besondere Wesensmerkmal dieser Hafenstadt, daß sie die vielen Fremden, die ihr immer wieder zugeströmt sind, in kürzester Zeit assimiliert hat. »Hamburger ist man ganz und gar oder überhaupt nicht«, hat der in der Fremde lebende Schriftsteller Joachim Maass einmal gesagt.

Es läßt sich in der Entwicklung von Hafen und Stadt von der ältesten Zeit her bis heute manche Parallele finden. So wie man jetzt, da die Sowjetzone eine gewisse Grenze setzt, insbesondere den Aufbau neuer Industrien fördert, so hatte man auch im Mittelalter zusätzlich zum Handel schon ein blühendes Gewerbe.

Vor mehr als hundert Jahren schon fuhren Raddampfer nach Helgoland

Auch damals waren die St.-Pauli-Landungsbrücken der Treffpunkt der Vergnügungsreisenden.

»Das Brauhaus der Hanse« nannte man die Stadt der Kaufleute und 500 Bierbrauereien. Doch sollte man ihre Stellung innerhalb des Städtebundes auch wiederum nicht unterschätzen. Immerhin war sie Lübecks Nordseehafen für jene Waren, die für die gefahrvolle »Umfahrt« (um Skagen) zu wertvoll waren und deshalb zwischen Elbe und Trave auf dem Landweg befördert wurden. Und immerhin: den dritten Platz nahmen die Hamburger auf den Hansetagen hinter Lübeck und Köln trotz allem ein – allerdings nicht zuletzt deshalb, weil sie hervorragende Diplomaten waren. Das hat ihnen niemand nachhaltiger bescheinigt als der zornige dänische König Christian IV., der im Seekrieg zwar siegreich gewesen war, bei den Verhandlungen des Jahres 1648 zum Westfälischen Frieden aber dennoch offenbar den kürzeren gezogen hatte. Anders hätte er wohl schwerlich folgenden Satz niedergeschrieben: »Obwohl Wir eher des Himmels Einsturz vermutet hätten als den Triumph der hochmütigen Krämer, haben diese gewonnen durch einen mit Teufelslisten, übel anstehenden Machinationen und versteckter Herzenstücke erfochtenen Sieg.« Schon lange vorher, so wird es jedenfalls überliefert, hatten die Hamburger ein anderes Meisterstück geliefert, im Streit mit Bremen um den erwähnten dritten Platz auf den Hansetagen, indem sie statt der bis dahin gültigen einseitigen Tischordnung die zweiseitige vorschlugen: die Herren von der Weser bekamen wie gewünscht ihren dritten Platz neben den Kölnern, die Abgesandten von der Alster jedoch setzten sich links neben die führenden Lübecker und hielten damit gleich den Kölnern einen (wenn auch etwas weniger wertvollen) zweiten Rang.

Bereits damals also wurde augenscheinlich die Rivalität zwischen denen von der Weser und denen von der Alster begründet. Doch – hony soit, qui mal y pense! Konkurrenz belebte den Handel schon immer, und im übrigen ist das Verhältnis der Hamburger zu den Bremern etwa demjenigen zu den (beneideten wie bewunderten) britischen Vettern zu vergleichen; man hat sich stets auf freundschaftliche Weise um die Kunden gerauft. Geschäft ist Geschäft – das mußte vor einem halben Jahrhundert selbst Kaiser Wilhelm II. erfahren, als er den alten Laeisz nach der Rentabilität seiner Großsegler befragte und die klassisch-hanseatische Antwort erhielt: »Aber Majestät, das kann ich doch nicht sagen, wo die ganze Konkurrenz zuhört!« Kleine Anmerkung zu dieser Rentabilität: die Laeisz' haben den Hamburgern die Musikhalle gestiftet, nichts weniger.

Es ist schon erwähnt worden, mit dem Krieg haben die Hamburger nie viel im Sinn gehabt. Wohl haben sie mit Lübeck sehr eng zusammengewirkt, aber sie haben doch vergleichsweise sehr wenig zu den kriegerischen Auseinandersetzungen der Hanse beigetragen. Man hat stets nur das zur Verteidigung Notwendigste getan und im Zweifelsfall lieber gezahlt. Geld vor allem war ihre Garantie für eine tatsächliche Freiheit, die sie nominell bis 1648 oder gar 1768 nicht besaßen. Ohne ihren guten Staatsschatz hätten sie die Streitigkeiten um die Zollhoheit auf der Elbe gegen die geldbedürftigen dänischen Könige schwerlich für sich entschieden; ohne klingende Münze hätten sie vielerlei Fürstenneid nicht eliminieren können; ohne eine Riesensumme wäre es ihnen kaum möglich gewesen, zu Beginn des Dreißigjährigen Krieges die stärksten Festungswälle Europas aufzuschütten und in deren Schutz drei Jahrhunderte lang unbehelligt in Freiheit zu leben. Wenn es denn sein mußte, stürzten sie sich sogar in immense Schulden. Das taten sie vor allem 1768, als sie sich für vier Millionen (!) Taler – für etwa den vierfachen Wert ihres damaligen Jahres-Etats – vom Dänenkönig ihre endgültige, absolute Freiheit erkauften. Daß sie dabei zugleich einige damals ziemlich wertlose Elbinseln einhandelten, das ehrt sie besonders. Denn genau diese schlechten, feuchten, nur halbwegs eingedeichten Wiesen-Eilande ermöglichten ihren Urenkeln hundert Jahre später den so schnellen und großzügigen Ausbau des Hafens.

Es ist kein Zweifel, die geographische Lage war und ist entscheidend für die Stellung Hamburgs als Handelsstadt. Sie überlebte die Hansezeit deshalb so blendend, weil sie nach der Entdeckung der neuen Welten zum atlantischen Umschlagplatz für einen nicht geringen Teil Deutschlands und Mitteleuropas werden konnte. Das Verdienst ihrer führenden Männer dabei ist es, daß sie neue Gelegenheiten meistens recht schnell erkannt haben. Das berühmteste Beispiel dafür ist aus dem vorigen Jahrhundert überliefert, aus der Zeit um 1822, als die lateinamerikanischen Länder sich von der spanischen und portugiesischen Herrschaft befreiten, als auch die Engländer die Handelsbeschränkungen zu ihren Kolonien zu lockern begannen. Da tat Präses Haller auf der Versammlung Eines Ehrbaren Kaufmannes in der Börse den eigentlich so unhanseatischen Ausruf: »Eine neue Zeit ist angebrochen! Alle seit Jahrzehnten uns verschlossenen, fast verborgenen Länder und Erdteile sind uns offen geworden!«

Außerdem pflegten sie, wie schon betont, nüchternpraktischen Sinnes nie das eine zu tun, ohne das andere zu lassen. Mögen sie auch noch so viel in ihren Alsterkanal nach Lübeck investiert haben, so gaben sie trotzdem stets noch mehr für die Elbe aus, ihren Seeweg zur Nordsee. Seitdem sie am 7. Mai des Jahres 1189 in einem Freibrief des Kaisers Friedrich I. (Barbarossa) die Zollfreiheit auf der gesamten Elbe bis zur Nordsee garantiert bekommen hatten, haben sie mit allen Mitteln darüber gewacht, daß niemand ihnen ihre Stromhoheit streitig machte. Ganz gewiß sind sie nicht kleinlich verfahren; es ging ihnen – nach, wie man hinzusetzen muß, gutmittelalterlicher Art – nicht ums Geld und schon gar nicht um das Heraufbeschwören langwieriger rechtlicher Streitereien, wenn es galt, eine lästige Konkurrenz an der Elbe auszuschalten. Weder die Rivalin Stade noch später das vom dänischen König geförderte Glückstadt haben sich auf die Dauer gegen die Hamburger durchsetzen können.

1833: Die Elbe bei Hamburg im Winter

Die Schiffahrt ruht, der Bürger sucht sein Vergnügen auf dem Eis des Stromes.

Schon um 1300 hatten sie auf der Insel Neuwerk in der Elbmündung den weithin bekannten Turm gebaut, der heute – mit drei Meter starken Mauern – ihr ältestes Gebäude ist. Seezeichen, Sichtmarke für die Schiffer, sollte er erst in zweiter Linie sein. Vor allem anderen war er ein Wehrturm, eine Festung mit einer ständigen Besatzung, sozusagen ein Ausrufungszeichen: »Hier herrschen wir!« Zum Leuchtturm, der er heute ist, wurde dieser vierkantige Turm erst viel später, zu einer Zeit, da das Geschlecht der Lappe von der Elbmündung vertrieben, da Ritzebüttel (das heutige Cuxhaven) längst hamburgisch geworden war.

Ganz ähnlich haben sie es mit ihrem Hafen gehalten.

Das Blockhaus »Neptunus«

Mitten in der Einfahrt zum Niederhafen hatte man es gebaut. Hier tat die Wache, die nachts unter anderem den schwimmenden Baum zu schließen hatte, ihren Dienst; hier auch residierten die Zollbeamten der Stadt.

Keineswegs nämlich ist die Elbe früher in so breitem Strom an ihrer Stadt vorbeigeflossen wie heute. Im Gegenteil! Ursprünglich war die Süderelbe der Hauptarm, hatte Harburg das meiste Wasser. Doch haben die Hamburger wie an der Unterelbe, so auch hier weder Geld, noch Verhandlungen, noch List, noch Krieg gescheut, um mit Hilfe von Deichbauten und Stromwerken so viel Wasser wie möglich an ihre Ufer heranzuführen, um aus dem kleinen Alsterhafen schließlich den großen Elbehafen zu machen. Was wiederum nicht ausschließt, daß ein rechter Hamburger auch heute noch als ein mit Alsterwasser Getaufter gilt und daß die Millionenstadt zumindest für ihre »Geborenen« an der Alster liegt und nicht an der Elbe. Man hält hier eben auf Tradition und pflegt diese zuweilen sogar neu zu beleben: indem man nämlich in unserer Zeit dazu übergegangen ist, den 7. Mai, den Tag der Elbhoheit von 1189, alljährlich als Hafengeburtstag oder Überseetag zu feiern.

Daß diese Tradition nicht aus ganz glasklarer Quelle gespeist wird, daß da eine leichte Trübung ist – großzügigerweise wird es in jedem Jahr am 7. Mai verschwiegen; und schon gar nicht ist es zum besonderen Fest des Jahres 1964 laut geworden, in dem man das Jubiläum »775 Jahre Hafen Hamburg« beging. Soll man es den Hamburgern verübeln? Kaum. Über gewisse Dinge, die der Konkurrenz Vorteile bieten könnten, zu schweigen, das war schon immer das Vorrecht der Kaufleute und Diplomaten in aller Welt. Die Hanseaten von der Alster jedenfalls (deren Quelle ein Moorloch ist und die doch im Mittelalter jenes Wasser hergab, dessentwegen das hamburgische Bier landauf, landab so begehrt war) haben es schwarz auf weiß, daß Graf Adolf III. von Schauenburg, damals Landesherr über Holstein, am 7. Mai des Jahres 1189 den Kaiser Friedrich I., Barbarossa genannt, in Neuburg bei Regensburg aufsuchte und um Privilegien für die von ihm besonders geförderte Stadt bat. Sie haben es zu Papier, das Recht auf ihre Elbe; denn in dem damals gewährten Freibrief heißt es: »Wir, Friedrich von Gottes Gnaden, Kaiser der Römer und allezeit Mehrer des Reiches, thun hiermit Allen, die jetzt oder künftig leben, kund und zu wissen: Daß wir auf Bitten unseres lieben und getreuen Grafen Adolf von Schauenburg seinen Bürgern, die in Hamburg wohnen, gewähren und zugestehen, mit ihren Schiffen, Waaren und Leuten vom Meer bis an besagte Stadt frei von allem Zoll und aller Ungeldforderung hin und zurück zu verkehren.«

Dieses erste von elf Privilegien, die der Kaiser gewährte, bedeutete praktisch die Oberhoheit auf dem

Volldampf voraus: Die neue Zeit des Hafens hat begonnen

Die Speicherstadt ist fertiggestellt, die ersten Hafenbecken in ihrer Nähe waren am Ende des 19. Jahrhunderts längst zu klein geworden; zahlreiche weitere Häfen entstanden auf dem linken Ufer der Norderelbe.

Strom bis an die See, gab das Recht, die Konkurrenz niederzuhalten. Nur, und da eben ist die Quelle getrübt, die Historiker können sich nicht für die Echtheit verbürgen. Im Original existiert das vom Rotbart ausgestellte Dokument nicht mehr, sondern nur noch in der Abschrift, und es geht die böse Mär, die Hamburger hätten beim Abschreiben ein wenig »corriger la fortune« gemacht, um vor allem eine Handhabe gegen Stade zu besitzen. Da jedoch auch dieses eine Geschichte ist, die erst noch bewiesen werden soll und möglicherweise von den weniger glücklichen Stadern in die Welt gesetzt wurde, da es zudem vor beinahe acht Jahrhunderten geschah – wer will sich heute noch daran stören?

Tatsache jedenfalls ist, daß Hamburg im dreizehnten Jahrhundert schnell aufblühte, schon hundert Jahre nach der Gründung 5000 Einwohner zählte, ein wichtiger Umschlagplatz zwischen Flandern und dem Ostseeraum wurde, seinen Eigenhandel später bis nach Böhmen und Schlesien ausdehnte und sich in der Mitte des 15. Jahrhunderts schließlich ein Stapelrecht verleihen ließ, das seine Stellung an der Elbe rechtlich unantastbar machte: niemand durfte Roggen und anderes Getreide, dazu Mehl, Wein und Bier elbabwärts an Hamburg vorbeiführen; die Waren mußten zunächst in der Stadt gestapelt und feilgeboten werden. Den Vorteil davon hatte nicht nur der Handel, sondern auch das gesamte Gemeinwesen, das aus den Zöllen für Einfuhr, Ausfuhr und Durchfuhr den größten Teil seiner öffentlichen Einnahmen bestritt.

Tatsache aber auch ist trotz der alljährlichen Geburtstagsfeier, daß der 7. Mai 1189 nicht mit der Gründung des Ortes gleichzusetzen ist. Schon um etwa 800, unter Karl dem Großen (nach anderen Quellen 825, zur Zeit Ludwigs des Frommen), wurde auf einer Geestzunge, die in die Alster-Niederung vorsprang und den Übergang über den kleinen Fluß erlaubte, zum Schutze der ersten rechtselbischen Kirche ein Grenzkastell angelegt, die Hammaburg. Neben ihr entstand eine Siedlung, die, so haben es gerade die jüngsten Ausgrabungen ergeben, größer gewesen ist, als man viele Jahrhunderte lang angenommen hatte. Schon sie besaß an einem Nebenlauf der Alster einen kleinen Hafen. Wenn auch Wikinger und Wenden das junge Gemeinwesen mehrfach heimsuchten, es blühte doch immer schnell wieder auf. Dennoch: mehr als militärischer Stützpunkt, Handwerkerort und Markt für die engere Umgegend ist das Ur-Hamburg nicht gewesen; der Fernhandel zwischen Westeuropa und dem Ostseeraum lag damals noch in den Händen der skandinavischen Waräger, hatte sein Zentrum in Haithabu bei Schleswig.

Die Kaufmannsstadt Hamburg datiert ihr Bestehen deshalb auch erst aus dem Jahre 1188. Damals gründete der schon genannte dritte Adolf der schauenburgischen Grafen (die schon um 1050 gegenüber der Hammaburg ihre landesherrliche »Neue Burg« gebaut hatten) auf dem Gelände der inzwischen verfallenen Burganlage die »Neustadt« und besiedelte sie vor allem mit Kaufleuten. Er verlieh ihr das Lübsche Recht, gab ihr Marktrecht und dazu »Erbrecht bis in die Mitte des Alsterflusses – damit dort ein guter geeigneter Hafen geschaffen werde für die Menschen, welche von vielen Orten ringsum herbeiströmen«. Graf Adolf III. also ist, wie mit Fug und Recht gesagt werden darf, ein sehr kluger und wahrlich weitblickender Mann gewesen ...

Töricht wäre es natürlich zu behaupten, die Tatkräftigen und Weitsichtigen hätten es in dieser Stadt immer leicht gehabt sich durchzusetzen. Nein, das stimmt nicht. Unendlich lange hat es – unter immer neuen Auseinandersetzungen – gedauert, bis aus dem mittelalterlichen Hafen der Zölle, der Stapelrechte und des Feilbietungszwangs der freie Hafen Hamburg geworden ist. Einige Jahrzehnte hat man sich im vorigen Jahrhundert darüber gestritten, wie man am besten den neuen Welthafen bauen sollte, ob mit offenen Hafenbecken oder mit abgeschleusten Docks. Und einen nicht geringen Widerstand haben die Hanseaten dem Reichskanzler Bismarck entgegengesetzt, bevor er sie in das Zollgebiet des Deutschen Reiches eingliedern und somit buchstäblich zu ihrem Glück zwingen konnte. Aber das eben, das konservative Element, ist auch nicht zu unterschätzen. Wahrscheinlich liegt dort die Wurzel dessen, was man die Fähigkeit nennt, schlechte Zeiten zu überleben. Und diese besitzt die Stadt in hohem Maße – wie ihre Geschichte beweist. Im übrigen aber gehören die Hamburger durchaus zu jenen, die bereit sind, ihr Urteil zu revidieren. Man denke nur an den einst so heftig befehdeten Bismarck! In der Tat, wo findet man die zweite Stadt, die ihm ein so monumentales (und kostspieliges) Denkmal gesetzt hat wie Hamburg?

Tatsächlich fiel der größte Sprung, den der Hafen und die Stadt jemals nach vorn getan haben, in die Bismarck-Zeit. Die Entwicklung zum Welthafen war eben erst möglich, als sich im 19. Jahrhundert die Häfen in Übersee allen schiffahrttreibenden Nationen öffneten, als die Dampfer mit ihrer genau vorauszuberechnenden Fahrzeit die Segler verdrängten, als man für ein schnelleres Löschen und Laden der Güter die Kaimauer »erfand«, als die deutsche Industrie einen ungeahnten Aufschwung nahm, als man das Land mit einem Netz von Eisenbahnen überzog und als schließlich das Kaiserreich dem Hafen an der Mündung der 800 Kilometer langen Elbe ein riesiges zollschrankenfreies Hinterland bescherte. Den Hamburgern selbst muß bescheinigt werden, daß sie selten eine Chance so genutzt haben wie diese. Als die Entscheidung über ihren neuen Freihafen gefallen war, da rissen sie einen ganzen blühenden, 22 000 Einwohner beherbergenden Stadtteil nieder, um ihre Speicherstadt zu bauen, da baggerten sie ein Hafenbecken nach dem anderen aus, da überzogen die Handelshäuser auch entlegenste Küsten mit einem Netz von Niederlassungen. Und da wurden die hamburgischen Kaufleute zum ersten Male in ihrer Geschichte zu Schiffsreedern großen Stils. Was die Amsinck, Godeffroy, Woermann, Laeisz, Bolten, Sloman um die Mitte des Jahrhunderts bereits begonnen hatten, das trieben sie wenige Jahrzehnte später zu einer prächtigen Blüte. Albert Ballin schließlich machte sich sogar zu einem primus inter pares in der internationalen Schiffahrt.

Dann kamen zwei Weltkriege ...

Es ist nicht zu leugnen, eine Zeit, wie sie der Hafen zwischen 1890 und 1914 erlebte, hat es nicht wieder gegeben. Dennoch zeigte sich gerade nach 1918 und nach 1945, welche Kraft in diesem Hafen Hamburg steckt. Nach dem ersten Weltkrieg waren so gut wie alle Schiffe und alle Handelsverbindungen dahin, nach dem zweiten kam ein noch viel Schlimmeres hinzu: da war der Hafen selbst nichts als eine Wüste von Trümmern. Der totale Krieg hatte eine totale Zerstörung hinterlassen, und Deutschland blieb noch jahrelang abgeschnitten von der Welt, die laut Ballin das Feld der Hanseaten ist. Beide Male aber bewiesen die Hamburger ihre Fähigkeit, hartnäckig zu sein. Beim zweitenmal jedoch war es erheblich schwieriger. Immerhin, wer heute im Hafen noch Trümmer sehen will, muß sie suchen gehen. Die 30 Millionen Tonnen Güter und 20 000 Seeschiffe im Jahr bedeuten wieder: hinter Rotterdam und Antwerpen drittgrößter Hafen auf dem Kontinent. Und das ist erheblich mehr, als man noch vor einem Jahrzehnt zu hoffen wagte. Allerdings ist es entschieden weniger als das, was Hamburg heute ohne die Zonengrenze wäre. Doch hat die Stadt schließlich schon schwierigere Zeiten gehabt und überstanden. Möglicherweise erlaubt der Blick in ihre Geschichte sogar einen besonderen Schluß. Den nämlich, daß sich ihre bereits zitierte Fähigkeit »zu überleben«, gerade deshalb so stark ausgeprägt hat, weil sie mit Ausnahme der Jahre um 1900 nie einen überragenden Platz eingenommen, sondern stets nur neben anderen an bedeutender Stelle gestanden hat. Gerade diese Position zwang zu niemals erlahmender Aktivität. So betrachtet, ist dieser Hafen sogar ein Phänomen. Denn: welche der großen spät-mittelalterlichen Handelsstädte kann sich eigentlich rühmen, acht Jahrhunderte lang ununterbrochen zur ersten Garnitur gezählt zu haben? Außer Hamburg nur London.

Mehr als 600 Millionen harte Deutsche Mark haben die Hamburger seit 1948 für den Wiederaufbau ihres Hafens ausgegeben. Inzwischen sind sie bereits dabei, ihn auszubauen, zu erweitern. Debatten darüber, ob das notwendig war oder notwendig ist, hat es niemals gegeben. Zumindest die Führenden in dieser Stadt sind sich, ganz gleich, woher sie kommen, welcher Partei sie angehören, immer darüber einig gewesen: Hamburg, das ist vor allem anderen der Hafen.

Eine neue Zeit auch auf der Elbe

Eisbrecher II bahnt einem Segler mit Dampfmaschine den Weg durch die Schollen der Elbe. 1874 hatte Hamburg zum ersten Mal einen Eisbrecher im Einsatz.

1: Am Niederbaum

2: Kaffee aus El Salvador

3: Hochbetrieb

4: Spoß mutt sin!

5: Kleine Möwe ...

6: ... fliegt nach Helgoland

7: Abend am Strom

8: Hamburger Wetter

POHL u. JOZWIAK
Schiffswerft
Howaldtswerke
DEUTSCHE AFRIKA-LINIEN
WOERMANN-LINIE
DEUTSCHE OST-AFRIKA-LINIE
Schuppen 28
Anthracitschulze
HANSA LINIE
SCHUPPEN 80
BARTHELS
& LÜDERS
BARTHELS & LÜDERS
HAMBURG
WERK
WILHELMSBURG
D HH-MY 830
VASEL
F. Morit
REIH
OPPENHEIMER
62
STÜLC
HEINRICH G.
Reiherda

◁ 9: Kehrwiederspitze

10: Barkassenderby

11: Schlepper fassen an

12: Föfftein

13: Löschplatz der Kümos ▷

14: An der Winsch

15: Der Wald der Ladebäume ▷
16: Löschen am Kai und im Strom ▷

AGAPENOR
LIVERPOOL

RIV
DB

◁ 17: Baumwolle aus den USA

18: Autos nach Mittelost

19: Fastmoker

20: Die Speicherstadt

21–24: Männer im Hafen ▷

25: Der Schauermann

26: Auch die Alster ist noch »Hafen« ▷

Hbg 779

Lauenburg

◁ 27: Nikolaifleet: Alt-Hamburg

28: Alster-Fleet: Beton und Glas

XXXIV
104
102
100
98
96
94
92
90
88
86
26
25
24
23
22

◁ 29: XXXIV Fuß
30: Der Uhrturm

31: An einem Sommer-Sonnentag

32: Der Hafen-Balkon ▷

33: Alte Kiefern

34: Jeden Abend Illumination

35: Leuchtfeuer Wittenbergen

36: Früh übt sich ... ▷

N
2

37–39: Aus aller Herren Ländern

40–42: Musikdampfer

Johannisbollwerk
JHN HEYMANN
HANNES

GRIPSHOLM
GÖTEBORG

◁ 43: Passagiere gehen an Land

44: Nimm mich mit, Kapitän ...

45/46: Kräne

CAP SAN NICOLAS

47–48: Großer Tag auf der Werft: Stapellauf

49–54: Probefahrt

MASCHINE KLAR
GANZ LANGSAM
LANGSAM
HALB
VOLL
ZURÜCK

VOLL
HALB
ACHTUNG
VOLL

H
S
D
G

55/56: Fischereihafen: Hochstapelei

57: Rotbarsch

58: Schulln, frische Schulln! ▷

59: Der Nebel steigt ...

HANSA
BIER
DORTMUNDER
HANSA
EXPORT
Hans Carstensen Nr. 25
BIER

60–63: Fischmarkt
am Sonntagmorgen

64–65: Fischmarkt

66: Lipizzaner via Hamburg ▷

23

67: Frühlingssonne

68: Es klart auf

69: Schutenschipper

70: Saugrüssel in allen Luken

71: Ein Tanker kommt auf

72: Auf Fähre VII

73–74: Blöcke aus dem Urwald

◁ 75: Am Bananenschuppen

76: Na Hus, na Hus!

77: Ankerplatz

78: Seine erste Pütz ▷

79: Galionsfigur

80: Ragende Riggen ▷

81: »Gorch Fock« läuft aus

82: Dunst ▷

83: Dienst ist Dienst ...

84: Kanonen-Schaukel ▷

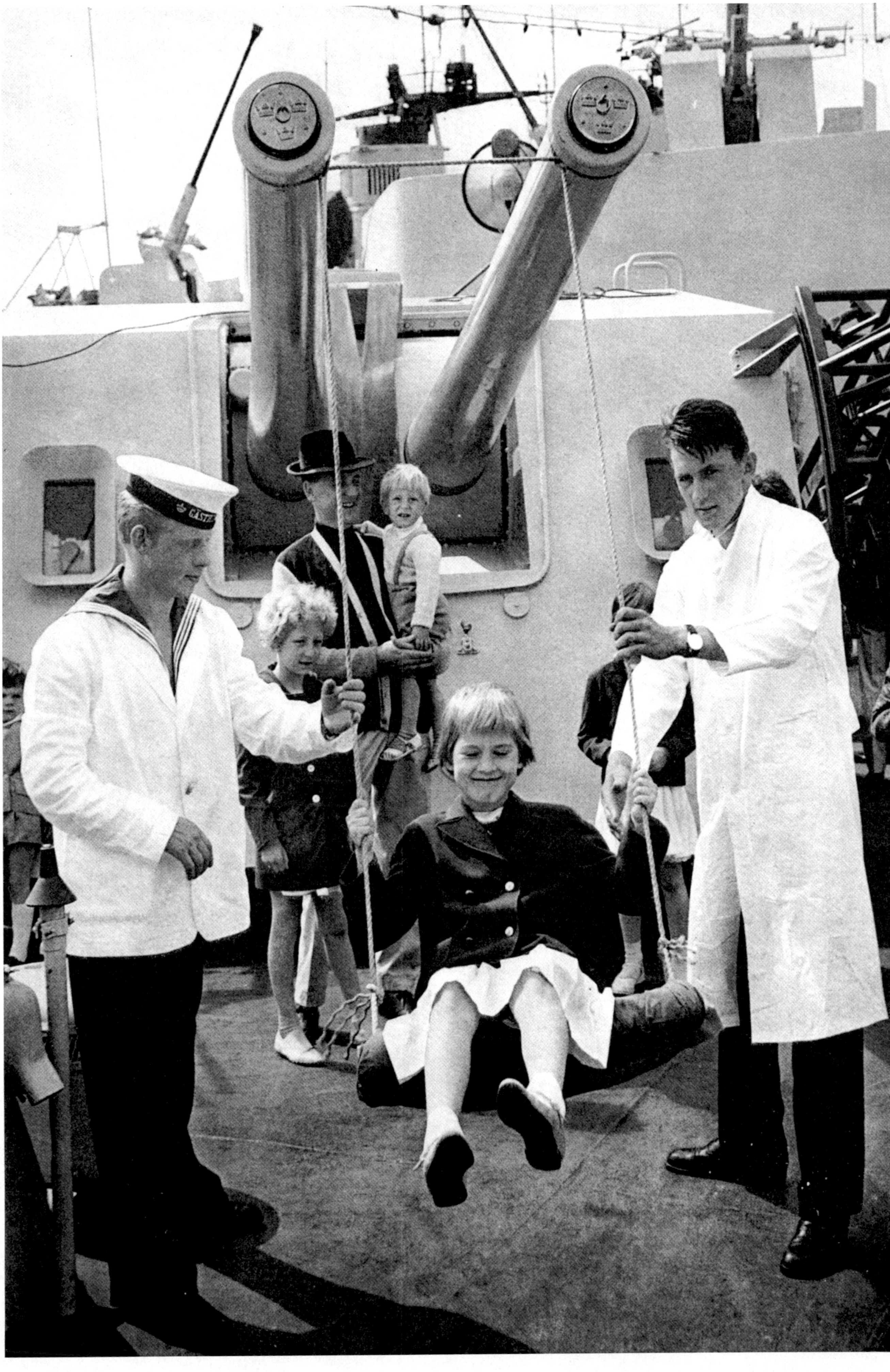

◁ 85: Farbe malen

86: Hafen-Alltag

◁ 87: Abschied

88: Kahnschiffer haben es besser –
die Frau fährt mit
89/90: »Hanseatic«, Hamburgs Flaggschiff ▷

HANSEATIC

91: Tanker im Schwimmdock

92: Die Schraube muß los ▷

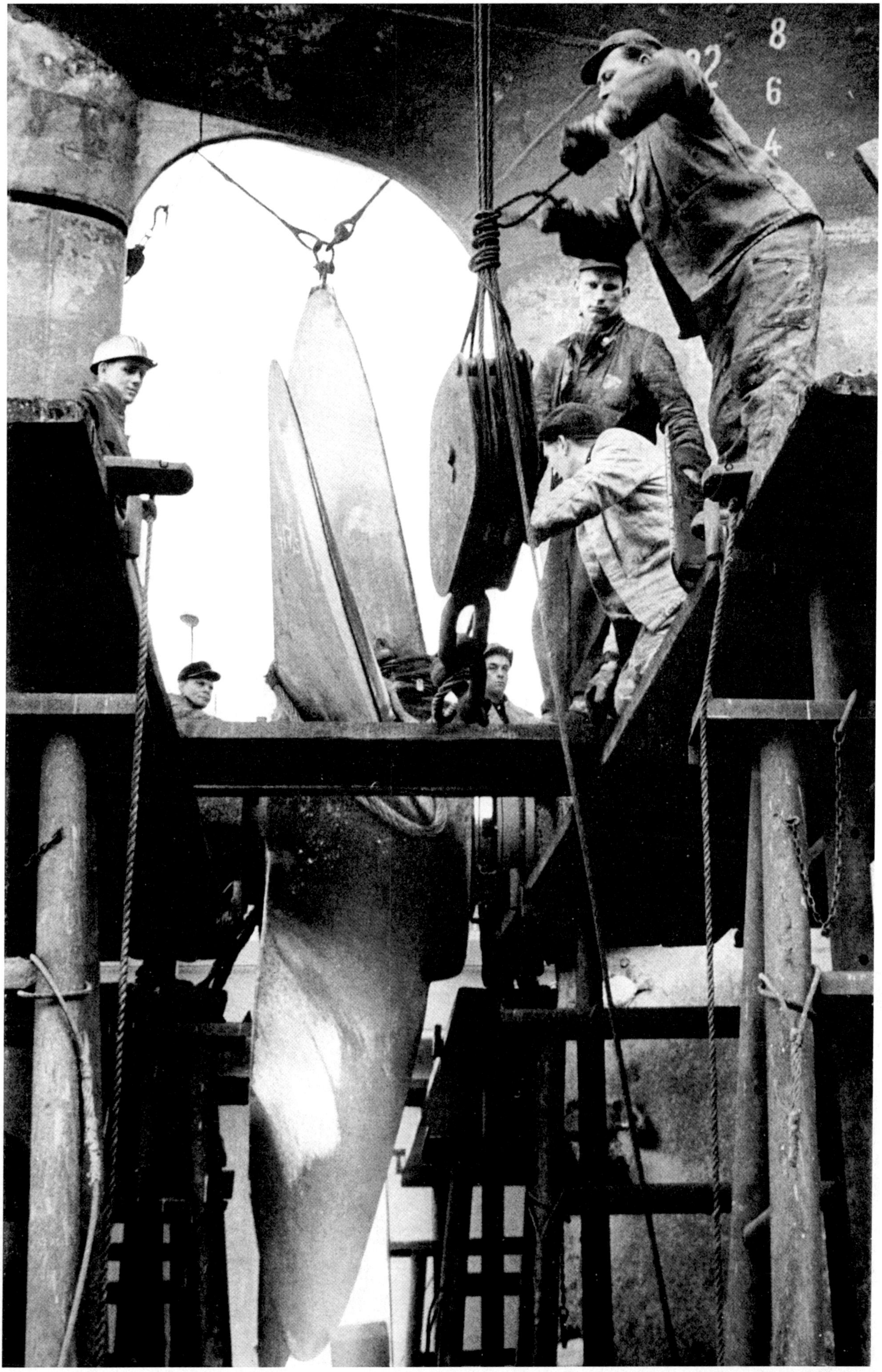
8
6
4

FERDER
FERDER
DEMAG

◁ 93: Hellingkräne

94: Werftarbeiter

95: Eine Sektion schwebt heran

96: 88000-Tonner ▷

97: Oevelgönne

98: Bei Teufelsbrück

99–100: Sommer ... ▷
101–102: ... und Winter ▷

ERNST

WAPPEN VON HAMBURG

103: Ein Schiff muß fahren

VOSS

104: Abend im Hafen

KLEINE HAFENVERKLARUNG

Zu den Bildern: Skizzen, Fakten, Daten, Impressionen

1: Am Niederbaum

Eigentlich ist es nicht ganz korrekt, »Am Niederbaum« zu sagen. Richtig müßte es »Niederbaumbrücke« heißen. Durch deren stählernes Tragwerk hindurch suchte der Photograph den Blick auf die Norderelbe. Einer der beiden mächtigen Schwergut-Schwimmkräne des Hafens ist, an den Pontons der Überseebrücke vertäut, im Bild; dahinter reckt sich das Helgengerüst der Stülcken-Werft auf.

Trotzdem ist man auf dieser Brücke wenig geneigt, an Hermann Claudius' »Hamburger Hymne« zu denken: »Deiner Kräne Riesenarme betreun dir zu Füßen das Meer. Dein Atem geht vollgeruhig, sicher und arbeitsschwer. Dein Wort und Wille wandert unaufhaltsam wie Ebbe und Flut, nordischkarg ist dein Lachen und langsam dein Blut, Hamburg!« Solche Poesie pflegt der Hafen dem gewöhnlichen Sterblichen nicht zu vermitteln. Desto mehr erinnert man sich gerade auf dieser Brücke des anderen Gedichtes von Hermann Claudius, des plattdeutschen: »Weddern Damper, weddern Troß. Luder Lüd vun Blohm un Voß. Swor, swor, swatt int Gesich, stampt dat öwer de Lannungsbrüch. Wecke hebbt Jl und drängelt sik vör, de Kaffeetänk klötert achter jem her... Weck, de smökt ehr Piep Toback, makt mankdör en lütten Snack: Kuddl, Hein! - Bi Tedje Smitt nehmt wi noch 'n Lüdden mit! ...«

Diese Brücke ist schon eines Vergleiches mit dem Elbtunnel wert. An ihrem Ende liegt das größte Zollamt des Hafens; daneben steht ein gelbes Gebäude: die Einteilungsstelle für die Hafenarbeiter. Eben jenseits, am Sandtorhöft, legen die grünweißen Fährschiffe ab, die die Verbindung mit den Kais der östlichen Hafengruppe halten; dort auch beginnt jeden Morgen das Derby der Stauereibarkassen, die die Schauerleute mit weißschäumender Heckwelle an ihren Arbeitsplatz bringen: an Bord der Schiffe. Auto auf Auto rollt in jeder Stunde des Tages über diese Doppelbrücke in den Hafen hinein, und bei Schichtwechsel schiebt sich ein lückenloser Strom von Arbeitern über sie hinweg.

Die Niederbaumbrücke ist in der Tat eine Nahtstelle des Hafenverkehrs. Und sie ist eine Nahtstelle der Geschichte. Dort, wo sie das Wasser überbrückt, war jahrhundertelang die Grenze des Hafens. In dem Becken, in dem jetzt lediglich Barkassen und kleine Schlepper dicht an dicht liegen, über das sich in weitem Bogen das Gerüst der Hochbahn hinüberschwingt, sind einstmals, nachdem der erste Hafen der Stadt, das heutige Nikolaifleet, zu klein geworden war, die Schiffe der hansischen Kaufleute gelöscht und beladen worden. Damit die Fahrzeuge und ihre kostbare Fracht vor Angriff und Raub geschützt waren, hatte man den Hafen in die Befestigung der Stadt einbezogen. Die Einfahrt zwischen den Bastionen Steinhöft und Kehrwiederspitze war von Pfahlreihen gesichert, die einen nur schmalen Durchlaß frei ließen. Und diesen schloß man abends mit einem schwimmenden Baum, eben dem »Niederbaum«. Der Name der Brücke erinnert noch heute daran.

2: Kaffee aus El Salvador

Allein der Zufall hat diese Überschrift gemacht. Weil die Kaffeesäcke in der Hieve, die der Kranführer just ganz sutje auf den Kai setzt, eben im mittelamerikanischen El Salvador geladen worden sind. Es könnte genau so gut heißen: Kaffee aus Costa Rica, aus Honduras, Guatemala, Nicaragua, aus Kuba und der Dominikanischen Republik, aus Kolumbien, Ecuador, Venezuela und natürlich aus Brasilien.

Um den Kaffee kommt man in Hamburg nicht herum. Denn die Stadt ist der Kaffeehafen Deutschlands und einer der führenden Importplätze Europas. Von jeweils drei Tassen, die in der Bundesrepublik getrunken werden, sind zwei aus Kaffee aufgebrüht, der in Hamburg gelöscht wurde. An die 150000 Tonnen – das sind 2,5 Millionen Sack zu 60 Kilo oder drei Kilo pro Kopf der westdeutschen Bevölkerung – kommen jährlich via Hamburg herein. Schon als Rohware repräsentiert diese Kaffeemenge einen Wert von etwa einer halben Milliarde Mark.

Diese Summe läßt deutlich werden, was der Kaffee-Import für den Handel der Hansestadt bedeutet. So hat er denn auch im Freihafen, am Sandtorkai, seine eigene »Kaffeestadt«. Sie besteht aus 15 sechs- bis siebengeschossigen Speichern, die eine Lagerfläche von fast 80000 Quadratmetern haben. Umgerechnet: das ist das Areal eines kleinen Bauernhofes von acht Hektar. Hinzu kommen große Kontorhäuser für die rund 300 Firmen, die sich mit dem Kaffeeimport befassen. Und die Kaffee-Terminbörse, in der sich Makler, Agenten und Importeure per Telegramm, Telefon und Fernschreiber ständig über die Weltmarktpreise aller fernen Exportplätze auf dem laufenden halten, erhielt nach dem Krieg wieder ein eigenes Haus.

Ein nicht geringer Teil der eingeführten Rohkaffeemengen wird in den Speichern auch veredelt; von Wasch-, Schäl- und Poliermaschinen über Sortiergeräte bis zu vollmechanischen Mischanlagen ist dort für das Herstellen der rechten Mischung alles vorhanden; schließlich noch gibt es in Hamburg rund 175 Röstereien (auf deren Listen mehr als hundert Kaffee-Provenienzen stehen) sowie an die 300 Kaffee-Versandhäuser.

Wer danach noch wissen möchte, wie lange man in Hamburg bereits mit den Geheimnissen der kleinen duftenden braunen Bohne vertraut ist, der braucht nur den Namen der Vereinigung der Kaffee-Importeure zu studieren; er lautet: »Verein der am Caffeehandel betheiligten Firmen«. Muß man da noch unbedingt berichten, daß Hamburg bereits im Jahre 1677 – vor Wien! – das erste deutsche Kaffeehaus besaß?

3: Hochbetrieb

Große Häfen scheinen auf den ersten, den flüchtigen Blick alle einer Familie entsprossen zu sein. Das soll heißen: es gibt frappierende Ähnlichkeiten. Da schieben sich dieselben großen und kleinen Frachter stromauf; da ist überall das so schmutzig-graue wie ewig kabbelige Wasser, aufgewühlt von dem Heer der Barkassen, Schleppdampfer, Binnenschiffe, Schuten und Fähren; da öffnen sich dem Fremden bei einer Rundfahrt immer wieder neue Ausblicke auf Reihen von weißen, grauen, schwarzen, grünen, gelben und vielleicht sogar knallroten Schiffsrümpfen; da ist das Kreischen der so gierigen wie eleganten Möwen, das Knattern der Niethämmer und Zischen der Schweißgeräte auf den Werften, ist das Getöne der Schiffssirenen in allen Lautstärken und Frequenzen ...

Da sind die beinahe endlos erscheinenden Fronten der Speicher und Schuppen mit den peinlich ausgerichteten Kränen, deren Arme feinstem Filigran gleichen, die aber dennoch spielend tonnenschwere Lasten heben; da sind die Schlote

der Fabriken und die glitzernden Türme unserer Zeit, die Hydrieranlagen der Erdölraffinerien; da ist überall auch bei schönstem Sonnenschein ein leichter Dunst aus Qualm und Dampf und Staub, da sieht man Menschen aller Hautschattierungen, und da hat auch jeder Hafen sein Sankt Pauli.
Da behaupten die tüchtigen Werbefachleute aller Häfen, daß nirgendwo so schnell und sorgsam gearbeitet werde wie gerade bei ihnen; da ist das offene Meer – die See, wie man an der Küste sagt – fast immer noch in weiter Ferne; und da gibt's auf dieser Welt kaum einen großen Hafen, der nicht auch ein Wahrzeichen sein eigen nennt – was den Londonern die Tower Bridge und den New Yorkern die Freiheitsstatue, das ist den Hamburgern der Michel, der barocke Turm der großen Michaelis-Kirche. Eigentlich nur diese Wahrzeichen, so erscheint's dem flüchtigen Auge, machen den Unterschied.
Und doch ist jeder Hafen anders. Das nicht nur, weil jeder in einer anderen Landschaft liegt; das nicht nur deshalb, weil man in dem einen mehr Stückgüter, in dem anderen mehr Rohstoffe für die Industrie löscht, weil in dem einen die Kaffee- und in dem anderen die Baumwoll-Spezialisten sitzen, weil hier die Kaischuppen ein-, dort aber zweigeschossig sind, weil die einen abgeschleuste Hafenbecken, die anderen aber offene Tidehäfen besitzen, weil die Hamburger ihre vielgerühmte »Hamburger Kai-Aufteilung« haben und die anderen nicht. Das ist deshalb so, weil auch ein Welthafen sein besonderes Gesicht erhält durch jene, die ihn erdachten, die ihn bauten, die durch ihr Wirken in Politik, Handel und Schiffahrt die Entwicklung vorwärtstrieben und nicht zuletzt auch durch jene Männer, die dort Tag für Tag eine schwere Arbeit tun – »rund üm de Klock«, wie es in Hamburg üblich ist.
Jedoch – wer's genau erfahren will, der sollte sich an Bord einer kleinen Barkasse oder eines grünweißen Hadag-Fährschiffes begeben, zur Hafen-Rundfahrt. »He Lücht« wird ihm schon alles erzählen.

4: Spoß mutt sin!

Nein, heute kann die Geschichte, die da vor knapp hundert Jahren passiert ist, sich wohl nicht wiederholen. Denn heute gibt es die Telegraphie und die UKW-Telephonie, heute wären bei solchem Vorkommnis gleich alle »Zuständigen« unterrichtet. Trotzdem sei sie erzählt – weil sie geradezu ein Schulbeispiel ist für das, was man den »guten Ton im Hafen« nennt. Der nämlich hat sich seit früheren Zeiten so gut wie nicht gewandelt.
Es war, als der preußische König, der spätere Kaiser Wilhelm I., Hamburg besuchte. Da erlitt das Staatsschiff, mit dem er eine Hafen- und Elberundfahrt unternahm, Maschinenschaden. Doch brauchten der König und sein Gefolge nicht lange auf dem Wasser zu treiben. Ein Schlepper der Ewerführerei Maack war gerade in der Nähe, nahm die hohen Herrschaften an Bord und dampfte mit ihnen zu den festlich geschmückten Landungsbrücken. Und da eben passierte es. Der ahnungslose Brückenwärter versuchte mit Rufen und gestikulierenden Armen das Anlegemanöver zu verhindern, denn Schlepper hatten nicht nur an diesem Festtag, sondern auch sonst (und haben auch heute) nichts an den Landungsbrücken zu suchen.
Der Schlepperführer natürlich blieb die Erklärung nicht schuldig. »Mann«, rief er hinüber, »wie hebbt doch den Keunig an Bord!« Die dröhnende Antwort, die er erhielt, ist in die Geschichte des Hafens eingegangen, sie ist hamburgisch-klassisch: »Och wat, Moors mit din Keunig! Du hörst an de Ossenbrücht"
Hafenarbeiter sind eine besondere Sorte Hamburger. Sie lieben die direkte, eine deftige Sprache, und sie machen aus ihrem Herzen keine Mördergrube. Sie auf jeden Fall widerlegen die These, der Hamburger sei s-teif und unzugänglich. Sie sind auch bei schwerster Arbeit und bei einem Sauwetter noch zu einem Scherz aufgelegt. Sie verstehen ihr Handwerk eben und haben sich deshalb ein gesundes Selbstbewußtsein erhalten. Und im übrigen ist man bei der christlichen Seefahrt ja noch nie zimperlich gewesen.
So ist man im Hafen leicht bereit, einem Kontrahenten und nicht zuletzt einem Vorgesetzten den Gruß des Götz von Berlichingen zu entbieten, mit jenem Wort, das dem weltbekannten »Hummel-Hummel!« zu folgen pflegt. Doch darf man das nicht tragisch nehmen. Sie sagen's schließlich auf plattdeutsch, und da heißt es eigentlich nicht viel mehr als »take it easy« oder »sutje, sutje« und ist lediglich die Antwort auf allzu preußische Töne, die sie nicht mögen.
Was sie tun, hat Hand und Fuß, ist ordentlich und solide. Und das ist nicht verwunderlich. Entweder kommen sie (wenn auch heute nicht mehr in so großer Zahl wie früher) von der Seefahrt her, oder aber sie stammen noch vom Lande. Wenn nicht sie selbst, dann sind doch zumindest ihre Väter und Großväter aus den kleinen Städten und Dörfern der Nachbarschaft, aus Holstein, Niedersachsen und Mecklenburg, nach Hamburg gekommen. Das wirkt auch jetzt noch nach. Und diese Mischung, bei der auch noch das Englische der Seeleute eine Rolle spielt, hat das spezifische Hamburger Hafenplatt ergeben, das ganz anders – viel breiter – klingt als das ursprüngliche Platt der hanseatischen Kaufleute.
Allerdings: »Regensaftig zwischen Luken und Kränen hummelt das sterbende Platt«, sagt Hans Leip. Und er hat recht – leider. Selbst im Hafen scheint das Platt, das im übrigen Hamburg so gut wie nicht mehr zu hören ist, allmählich zu verschwinden. Es ist die gleiche Entwicklung, die man überall auch auf dem Lande beobachten kann. Und es sieht so aus, als ließe sich dieser Rückgang nicht aufhalten. Das ist sehr schade. Denn nicht zuletzt die plattdeutsche Sprache hat diese Stadt in den Jahrhunderten zuvor befähigt, die neuen Bürger, die ihr ständig zuströmten, in überraschend kurzer Zeit zu assimilieren, zu »waschechten« Hamburgern zu machen.

5: Kleine Möwe ...

»Kleine Möwe, flieg nach Helgoland ...« – das singen die Fremden. »Die Möwen sehen alle aus, als ob sie Emma hießen. Sie tragen einen weißen Flaus und sind mit Schrot zu schießen. / Ich schieße keine Möwe tot, ich laß sie lieber leben – und füttre sie mit Roggenbrot und rötlichen Zibeben. / O Mensch, du wirst nie nebenbei der Möwe Flug erreichen. Wofern du Emma heißest, sei zufrieden, ihr zu gleichen.« Das hat Christian Morgenstern von den Möwen an Alster und Elbe gesagt. Die Tatsache, daß man die eleganten Flieger hier ganz schlicht »Emmas« nennt, zeigt, wie sehr sie einfach dazugehören, zum Wasser und zu den Schiffen. Sie beweist zugleich, daß man ihre Eleganz auch wiederum nicht überbewertet. Sonst hätte man wohl einen anderen Namen für sie gefunden.
Die Möwen sind Kosmonauten. Zumindest auf der nördlichen Hälfte des Globus trifft man sie an fast allen Küsten. Da sie nicht die Fähigkeit besitzen, tief zu tauchen, müssen sie sich mit dem begnügen, was an der Oberfläche schwimmt. So ergab sich für sie der Zwang, ständig unterwegs und auf der Nahrungssuche zu sein; so wurden sie zu so ausdauernden wie geschickten Fliegern; so sind sie zu Allesfressern geworden, so folgten sie den Schiffen nach und wurden für die Seeleute einst zu heiligen Tieren, von denen man glaubte, daß in ihnen die Seelen der ertrunkenen Seeleute wohnten. So wurden die Möwen schließlich auch zu Kulturfolgern, die sich nicht scheuen, den Menschen in der Großstadt fast aus

der Hand zu fressen, die in den Fischereihäfen die Fische tonnenweise fortschleppen und selbst überall auf den Schutthalden in großen Scharen als gefräßige Gäste anzutreffen sind. Und zuweilen beginnen die Hamburger schon, auf die »fliegenden Straßenkehrer« zu schimpfen. Weil sie nämlich allerhand ätzendes Zeugs hinterlassen – was einen pfiffigen Fabrikanten bereits inspiriert hat, »möwenkotfesten« Autolack herzustellen.

Wer sie genau beobachtet, kommt nicht umhin, festzustellen, daß sie nicht weniger gierig und neidisch als flugtüchtig sind. Und wer die Ornithologen fragt, muß hören, daß sie in den Kolonien der Seevögel vor nichts haltmachen, nicht vor Eiern und nicht vor Jungvögeln. Und auch Schimmelpilz, Flügelpocken und Parathyphus können von ihnen übertragen werden ...

Das alles jedoch hat ihrer allgemeinen Beliebtheit bisher keinen Abbruch tun können. Die Masse der Hamburger möchte sie trotz allem nicht missen, kann sich den Hafen, die Elbe, die Alster nicht vorstellen ohne die weißen Schwingen der Möwen und ihr Gekreisch. Zumal man, objektiv betrachtet, feststellen muß, daß die Silbermöwen, die als die ärgsten Räuber gelten, in der Hansestadt sehr in der Minderzahl sind. Das Gros stellen die vergleichsweise harmlosen Lachmöwen, die mit dem braunen Kopf.

6: ... fliegt nach Helgoland

Blendendweiß, wie das Gefieder der Möwen, leuchtet ihre Farbe in der Sonne. Und auch die Eleganz der Möwen ist ihnen eigen, den Seebäderschiffen, die mit hoher Fahrt – mit 19 oder 20 Knoten, das sind 35 bis 37 Kilometer in der Stunde – nach Helgoland fliegen. Die sie zum ersten Male sehen, sagen fast ausnahmslos: »Welch schöne Schiffe ...« Und sie haben wohl nicht unrecht.

Auf den Britischen Inseln, und eben nur da konnte es aufkommen, ist das Wort »It does you good to look at a fine ship or anything else that is beautiful« lebendig. Es ist keine Frage: auch an unseren Küsten »tut es gut, ein schönes Schiff (oder irgend etwas anderes, das schön ist) zu betrachten«. Wozu man anmerken muß, daß es noch niemals so viele dem Auge wohlgefällige Schiffe gegeben hat wie gerade jetzt. Das gilt nicht nur für Passagierschiffe, sondern auch für Kohlenfrachter, Küstenschiffe und selbst die kleinen Schlepper. Und es wäre falsch, zu sagen, nun, das sei eben die modische Linie von heute.

Es steckt eine bis zu einem gewissen Grade abgeschlossene Entwicklung dahinter. So, wie das Auto langsam aus der Pferdedroschke zu seinen allein ihm eigenen Formen gestaltet worden ist, so haben auch der Dampfer und das Motorschiff nur allmählich alles abgestreift, was noch an das Segelschiff erinnert, aus dem sie entstanden sind. Und die nächste Revolution im Schiffbau wird es, was die äußere Form angeht, wohl erst geben, wenn wiederum etwas ganz Neues sich durchsetzt: etwa der Atomfrachter oder gar das atomenergiegetriebene Fracht-Unterseeboot, das einige schon schon heute als das am rationellsten fahrende Schiff der Zukunft ansehen.

Doch bleiben wir beim Heute. Nicht zuletzt deshalb werden schöne Schiffe gebaut, weil Schönheit keine Mehrkosten mehr verursacht. Die Schweiß- und Preß- und Biegetechnik unserer Zeit gestattet es, die Formen und Konstruktionen viel mehr zu variieren als früher.

Trotzdem ist es nicht so ganz einfach, jene Harmonie von Form und Farbe zu erzielen, die das Geheimnis ist für die Schönheit, die vielen gefällt. Denn ein Schiff soll nach wie vor in allererster Linie zweckmäßig sein. Bestimmte Forderungen werden an Tiefgang, Geschwindigkeit, Anordnung der Laderäume, an Länge und Breite gestellt; dann sind da Sturm und grobe See und also die Sicherheitsvorschriften zu berücksichtigen; alles an Bord muß haltbar und praktisch, nichts darf Fassade sein. So zwingt das Aufeinanderabstimmen vieler Funktionen stets zu vielen Kompromissen, und eigentlich ist der Spielraum, der dem Ingenieur für die Schönheit bleibt, nur gering.

Es kommt ihm jedoch ein anderes entgegen: die sich immer wieder durchsetzende Erkenntnis, daß Menschenwerk vor allem dann als schön empfunden wird, wenn der Zweck eines Gegenstands in seiner Form ganz klar sichtbar gemacht wird. So bemüht der Ingenieur sich vor allem, die Aufbauten einfach zu formen und für das Ganze – auch mit Hilfe der Farbe – die Harmonie zu finden, dabei bedenkend, daß er sich vor drei Irrtümern zu hüten hat: anzunehmen, daß es eine Schönheit gäbe, die ihre Grundlage nicht in der Zweckmäßigkeit hat; zu meinen, daß größte Zweckmäßigkeit auch eine optimale Schönheit sein müsse; zu hoffen schließlich, daß extravagante Formen die Erscheinung eines Schiffes machen könnten.

Die Technik hat es zum Beispiel ermöglicht, die vielfach verstagten Masten von einst durch freistehende Ladepfosten zu ersetzen; die eleganten Brückenaufbauten zu schaffen; dem Schiff mit den schräg nach vorn geneigten Brückenstützen einen Anflug vom »Vorwärtsstürmen« zu geben ... Doch ist die Schiffahrt auch noch immer traditionsverbunden. Das erkennt man nicht zuletzt am Schornstein. Seine Form und sein Zweck stimmen durchweg nicht mehr überein. Zuweilen ist er nur noch Atrappe, haben Ladepfosten seine Aufgabe, die Abgase der Maschine abzuführen, bereits übernommen.

So wird es, zumindest im Hinblick auf den Schornstein, mit den Schiffen der heutigen Art wohl so gehen wie einst mit den großen Seglern: ihre endgültige, die schornsteinlose Form wird erst allgemein werden, wenn man sich daran von den Atomschiffen her, die keinen Öl- oder Kohlenrauch mehr abzuleiten haben, gewöhnt hat. Um auf das Beispiel des Seglers zurückzukommen: die Fachleute sind sich darüber einig, daß er seine größte Schönheit erreicht hat, als die ragende Takelage, aus stählernen Masten und stählernen Rahen aufgerichtet, ihre optimale Einfachheit und Zweckmäßigkeit erhielt. Das geschah in den letzten Jahrzehnten des vorigen und in den ersten des jetzigen Jahrhunderts, in der Sterbestunde der Windjammer.

7: Abend am Strom

Dunst legt sich über den Strom. Bald wird die alte Laterne aufleuchten, werden die Greifer des Kohlenschiffhafens, die drüben nur noch schemenhaft erscheinen, ganz verschwunden sein, werden auch die beiden Buttjes wohl heimwärts streben. Denn: »Se sünd an Brood geweunt«, pflegt man dort zu sagen, wo sie sicherlich zu Hause sind – auf St. Pauli. Allerdings auf dem anderen St. Pauli, das der Fremde nicht kennt. Auf jenem St. Pauli, das sich um den Pinnasberg und den Köllischplatz noch eine – zugegeben: ziemlich ärmliche – altertümliche Ursprünglichkeit bewahrt hat; in jenem Stadtteil, der beileibe nicht nur Lichtreklame, Nepp-Preise, käufliche Liebe, Tingeltangel aller Sorten und flüchtiges Vergnügen für Tausende von Fremden und auch einige Seeleute ist.

St. Pauli nämlich hat zwei Gesichter. Das eine, das ist die Reeperbahn. Das kennen alle. Das andere, das ist ein Stadtteil von einigen zehntausend Einwohnern, von strebsamen und zumeist einfachen Leuten, von Handwerkern, Einzelhändlern, Gewerbetreibenden und vor allem von solchen, die im Hafen arbeiten. Stets ist St. Pauli, das früher ein vor den Wällen liegender Stadtteil war und »Hamburger Berg« hieß, eng mit der Schiffahrt verbunden gewesen. Der beste Beweis dafür ist die Reeperbahn; denn dort wurden einst die Taue für die Schiffe gedreht, geschlagen, wie es richtig heißt; schon

zur Zeit der »Grönland«-Fahrer im 17. Jahrhundert hatten die Reepschläger auf St. Pauli ihre langen Bahnen und fertigten für die Walfänger ganz besonders deftiges Tauwerk an, Taue, die bis zu 4000 Pfund schwer waren, weil sie im Nordmeer einiges auszuhalten hatten, wenn ein Schiff bei Spitzbergen bei Jan Mayen oder beim Westeis einen Sturm abzuwettern hatte.
Auch heute noch sind die Sankt-Paulianer »hafenorientiert«. Das wirklich nicht nur, weil ihr Stadtteil der »Ankerplatz der Freude« ist. Zum Hafen gehört St. Pauli vor allem deshalb, weil er so nah liegt und der größte Arbeitsplatz für diesen Stadtteil rings um die kleine St. Pauli-Kirche mit dem spitzen grünen Turm ist.
Das, was die Bomben verschonten, sieht dort vielfach nicht sehr ansehnlich aus. Besuchern, die von »alter Stadtromantik« schwärmen, mag das etwas Besonderes sein; für jene, die dort wohnen, hat die Medaille Romantik durchaus ihre Kehrseite. Allerdings – man wohnt recht preiswert rund um den Köllischplatz, und darum sind selbst einige Sankt-Paulianer nicht damit einverstanden, daß die Städtehygieniker allmählich eine Änderung herbeiführen wollen. Doch soll das sehr behutsam geschehen. Nicht nur die Reeperbahn wird erhalten bleiben, das andere, das eigentliche St. Pauli soll gleichfalls trotz allem sein Gesicht bewahren.

8: Hamburger Wetter

Was eigentlich soll man viel vom Wetter in Hamburg schreiben? Schließlich reden die Hanseaten genug davon, und schließlich ist das »Hamburger Wetter« nicht weniger bekannt in der Welt als der »schnelle Hafen«. Hamburger Wetter, das ist Nieseln, Schmuddeln, das ist auch deftiger Regen von stundenlanger Dauer, das ist eine nichts als grau in grau erscheinende Kulisse. Das ist nicht selten ein herzhafter Fluch von jenen, die der Regen zwingt, das Löschen oder Laden wasserempfindlicher Güter vorübergehend einzustellen. Womit nicht unbedingt die Hafenarbeiter gemeint sind, die dann Fööftein (Pause) machen, sondern vor allem jene, deren Zeit und Geld das kostet.
Hamburger Wetter – das ist nicht zuletzt ein Zeichen dafür, wie nah die Hanseaten eigentlich doch dem Ozean sind, obwohl sie ihre Stadt tief im Binnenland gebaut haben. Denn deren Klima wird ganz eindeutig von der atlantischen Feuchte bestimmt. Spötter haben sie schon vor Zeiten die »Traufe Deutschlands« genannt, und wenn die nicht selten vertretene Ansicht, ein Hamburger komme bereits mit einer Regenhaut zur Welt, auch eine journalistische Übertreibung ist – ohne Regenschirm geht hier doch mancher auch bei schönstem Sonnenschein lieber nicht vor die Haustür.
Da Zahlen bei allem, was es im Hafen gibt und was dort vor sich geht eine dominierende Rolle spielen, da man dort alles zu messen pflegt, nach Metern, Fuß, Zoll, nach Minuten und Stunden, nach Kilo und Tonnen, nach BRT und tdw und nicht zuletzt nach Deutscher Mark, seien auch bei der Plauderei über das Hamburger Wetter einige konkrete Angaben nicht verschwiegen. Also: es sind im Hafen jährlich 720 Millimeter Niederschlag zu erwarten; das sind 720 Liter Regen auf dem Quadratmeter und 120 Liter mehr, als die gesamte Bundesrepublik im Durchschnitt bekommt. Insofern ist Hamburg schon einigermaßen benachteiligt.
Aber es kommt noch schlechter. Im besonderen nämlich findet das Hamburger Wetter im Sommer statt. Genau 400 von den 720 Litern fallen ausgerechnet in den sechs Monaten April bis September. »Leider«, sagen die vielen Gäste der Stadt. »Leider«, muß der Kundige noch hinzufügen, »halten die angeblich schönsten Monate des Jahres, nämlich der Juli und der August, sogar den Regenrekord – mit 85 bis 87 Liter im Schnitt.« Und auch der Juni (66) und der September (61) liegen noch über dem monatlichen Mittelwert von 60 Litern. Nimmt man allerdings die Zahl der Regentage (das sind jene Tage, an denen mehr als 0,1 Millimeter Niederschlag fällt) als Maßstab, dann verteilt sich das »Hamburger Wetter« eigentlich ziemlich gleichmäßig auf das ganze Jahr. Dann halten der Dezember, der Januar und der Juli mit 18 Regentagen die Spitze, während der Mai, Juni, September und Februar mit durchschnittlich 14 oder 15 Regentagen am unteren Ende stehen. Fazit der gesamten Regenmisere: im Sommer ist das Hamburger Wetter, gemessen an der Niederschlagsmenge, eben intensiver.
Trotzdem gibt es gerade für den Hafen noch einen Trost. Es ist nur gut, daß dieser an der Elbe liegt. Befände er sich nämlich in der Nähe des Flughafens Fuhlsbüttel, dann hätte er jährlich noch mit 120 Millimeter Niederschlag mehr zu rechnen. Womit nichts gegen den trockenen Hafen der Luftfahrt gesagt, sondern allein auf die Tatsache hingewiesen sein soll, daß der Wetterkoch selbst auf engstem Raum viele Töpfe am Dampfen hat.

9: Kehrwiederspitze

Der Schilderwald auf diesem Bild, das die Unterschrift »Kehrwiederspitze« hat, muß nicht noch erläutert werden. Man sieht auf einen Blick, wie vielfältig das Leben und die Arbeit im Freihafen tatsächlich sind. Einer Verklarung jedoch bedarf der Turm, der im Hintergrund sichtbar ist. Man kennt ihn als »die Kehrwiederspitze«, und er ist den Hamburgern wie den Seeleuten fast genau so ans Herz gewachsen wie der Michel. Er ist das zweite Wahrzeichen des Hafens geworden, obwohl man sich über die Schönheit seiner Architektur durchaus streiten mag. – Der Turm wurde 1875 gebaut. 1897 brannte er zum ersten Male aus, und im zweiten Weltkrieg machten Bomben und Feuer ihn erneut zur Ruine. Trotzdem soll er erhalten bleiben – die Hanseaten haben es auch niemals anders erwartet. Denn er ist eine Besonderheit.
Offiziell ist die »Spitze« der Turm des Kaiserspeichers. Bei den Hafenleuten gar hat dieser Speicher nur einen Buchstaben; er heißt Kaispeicher A. Man baute ihn, als man die beiden ersten mit Kaimauern versehenen Hafenbecken fertiggestellt und damit den entscheidenden Schritt zum Direktumschlag und also zum Welthafen getan hatte. Zwischen diesen Häfen, dem Sandtor- und dem Grasbrookhafen, steht der Speicher auf dem Kaiserhöft an seeschifftiefem Wasser. Er ist noch heute der größte des Hafens. Doch ist keineswegs dieser Superlativ sein hervorstechendes Merkmal. Das eben ist der Turm.
Müßig, zu fragen, warum man ihn errichtete. Mag sein, weil das im Zuge der Zeit lag, weil damals auch jede kleine Villa ihren Pseudo-Bergfried erhielt. Möglich auch, daß er Ausdruck des neuen Strebens nach Weltgeltung sein sollte – wie die Hamburger schon einmal, von 1300 bis 1310, in der Elbmündung auf der Insel Neuwerk einen Turm errichteten, der nicht nur eine Feste, sondern ebenso auch ein weithin sichtbares Zeichen sein sollte: »Auf der Elbe herrschen wir!« Schließlich noch läßt sich denken, daß dieser Turm für Johannes Dalmann, der ihn entworfen hat, das Ausrufungszeichen hinter seinem Lebenswerk bedeutete; denn Dalmann war es, der die Konzeption für den Bau der neuen Häfen durchgesetzt hatte.
Was diesen Turm so populär gemacht hat, sind sein Name »Kehrwiederspitze« und der Zeitball, den er einst auf seiner Plattform hatte (auf dem Bild erkennt man noch das Gestänge). Dieser Zeitball wurde täglich zehn Minuten vor zwölf und vor dreizehn Uhr hochgezogen, und punkt zwölf und dreizehn Uhr fiel er, von der Sternwarte in Bergedorf elektrisch ausgelöst, herunter. Auf den Kommandobrücken der im Hafen liegenden Schiffe stellte man danach die Uhren, die

für die Ortsbestimmung auf See so wichtigen Chronometer. Am 31. Mai 1934 allerdings ging der Zeitball zum letzten Male nieder. Das über Funk kommende Zeitzeichen hatte ihn überflüssig gemacht.
Trotzdem blieb der Turm ein Wahrzeichen des Hafens, weil er eben Kehrwiederspitze heißt – wenn auch fälschlicherweise. Denn der Volksmund, der ihn so taufte, hat hier den Wunsch nach guter Heimkehr von langer Reise mit einem alten Namen aus der Topographie der Stadt verbunden. Die eigentliche Kehrwiederspitze nämlich ist ein Höft, das zwei Kaizungen weiter nördlich liegt. Sie entstand zu Beginn des 16. Jahrhunderts als Bastion im Brook-Stadtteil. Und ihren Namen erhielt sie deshalb, weil dort Stadt und Straße endeten – weil man umkehren mußte.

10: Barkassenderby

Barkassen sind die Tausendsassas im Hafen. Sie sind, wenn ein Vergleich mit dem Land gestattet sei, Omnibus für den Werkverkehr und Rundfahrtbus; sie sind Schnelltransporter und Taxi, Staatskarosse und auch Schlepper. Barkassen nehmen in der Speicherstadt die beim Schiffshändler bestellten Waren an Bord; Barkassen laden an den St.-Pauli-Landungsbrücken zur Hafenrundfahrt ein; Barkassen warten auf jedermann, der's eilig hat und nicht warten mag auf die zu festen Uhrzeiten verkehrenden Fähren; die Hafenärzte, die Waterclerks der Schiffsmakler, die Vertreter aller nur möglichen Firmen, Beamte – sie können ein Schiff, das an den Pfählen festgemacht hat, nur mit einer Barkasse erreichen; der Staat fährt seine hohen Gäste, Kaiser, Könige, Präsidenten, mit der komfortablen Senatsbarkasse durch den Hafen; Barkassen schleppen Schuten die kreuz und die quer; und vor allem sind Barkassen unentbehrlich für die Stauereibetriebe, die ihre Schauerleute pünktlich zu Schichtbeginn an Bord der Frachter haben müssen.
Es gibt Barkassen aller Größen. Solche, die nur 20 Personen befördern können, aber auch solche, in denen weit mehr als 100 Platz haben; solche, die mit 30 PS auskommen und andere, die 180 Pferde im Bauch haben. Im Typ aber sind sie sich alle gleich. Vorn haben sie eine Kajüte, achtern sind sie ein offenes Boot. Allenfalls schützt ein Dach aus einer Persenning vor Wind und Wetter; das jedoch vornehmlich nur bei jenen, die eine Konzession für die Hafenrundfahrt haben – 90 an der Zahl. Insgesamt zählt man im Hafen rund 440 Barkassen. Etliche davon sind sogar über den Hafenfunk telefonisch erreichbar. Und: so unscheinbar sie sich neben den Überseefrachtern ausnehmen, sie kosten doch eine ganz hübsche Stange Geld; etwa 70 000 Mark zahlt man für eine mittelgroße Barkasse, die an die 50 Personen befördern kann.
Nicht gerade alle Jahre, aber doch von Zeit zu Zeit gönnen sich die Barkassenführer einen großen Tag. Dann fahren sie um die Wette. Dann schiert sie nicht Wind und Wetter, dann drehen sie auf, was der Motor nur hergibt, lassen den Gischt stieben, die Flaggen knattern, die Musik spielen und die Buddel kreisen. Dann zeigen die größten, daß sie's, wenn es darauf ankommt, glatt mit jedem kleineren Frachter aufnehmen können. Denn sie laufen etwas mehr als 10 Knoten, fast 20 Kilometer in der Stunde ...
Wer will und wer Frühaufsteher ist, kann ein ähnlich eindrucksvolles Schauspiel sogar jeden Tag beobachten: morgens um sieben Uhr am Sandtorhöft. Dann nämlich legen Dutzende von Stauereibarkassen gleichzeitig vom Ponton ab und rauschen mit schäumender Heckwelle über die Norderelbe hinunter, den Schiffen zu, auf denen die Arbeit wartet.

11: Schlepper fassen an

Rund ein halbes Hundert Schlepper liegen im Hafen ständig unter Dampf, um den einkommenden und ausgehenden Seeschiffen beim Wenden, bei der Einfahrt in die schmalen Hafenbecken, beim Anlegen und beim Ausfahren zu helfen. Doch muß der Ausdruck »unter Dampf« nicht allzu wörtlich genommen werden. Moderne Schlepper haben einen Motor, einige sogar einen Diesel-Elektro-Motor.
Schlepper mißt man nicht nach Länge und Breite oder Brutto-Raum-Tonnen. Da gilt allein die Frage: »Wieviel Pferde?« Die meisten Assistenzschlepper in Hamburg haben etwa 800 PS. Die Maschine des größten, der 28 Meter lang ist, leistet sogar 1050 PS, und von einigen ganz modernen, die mit nur 600 Pferden aufwarten, soll man sich dennoch nicht täuschen lassen; ihr Propeller dreht sich in einer neuartigen Ruderdüse und ist deshalb soviel wert wie einer der älteren, der von 1000 PS getrieben wird.
Die modernsten Schlepper haben keinen Schornstein; um so besser ist die Sicht für den Kapitän auf der turmartigen Kommandobrücke. Gute Sicht nämlich ist das A und O beim Bugsieren. Schließlich sind bei großen Schiffen Massen von einigen zehntausend Tonnen in Bewegung, und als Bremse hat man nichts als das »voll rückwärts« mit den Propellern. In Sekundenschnelle muß ein Schlepperkapitän reagieren; so nimmt er denn auf seiner rundherum offenen Brücke lieber Sturm und Wetter in Kauf. Gegen allzu viel Regen hilft ein Handtuch als Schal, und im übrigen hat er dreifaches Zeug an Bord.
Seine Uhr ist der Schiffsmeldedienst, der die aufkommenden Schiffe ankündigt. Die Order kommt vom Schleppbüro. Wieviel Schlepper ein Schiff nimmt, das bestimmt dessen Kapitän im Einvernehmen mit dem Hafenlotsen. Für große Frachter sind drei oder vier Schlepper die Norm. »Erster, zweiter, dritter Stich« – das ist die Reihenfolge, in der sie den dicken Pott anfassen. Einer geht nach vorn, die beiden anderen bleiben achtern. Im Strom übernehmen die Besatzungen die Trossen; der Frachter fährt ganz langsam, die Schlepper gehen längsseit, und von oben werden die Leinen hinuntergereicht.
Vor der Einfahrt zum Hafenbecken wird das Schiff fast gestoppt, und die Schlepper drehen es herum, um es darauf rückwärts zum Liegeplatz zu bugsieren. Verständigungsmittel dabei sind die »Flüstertüte« und das Pfeifensignal, dieses vor allem. Die Grundsignale: ein, zwei und drei kurze Töne. Ein kurzer Ton: nach Steuerbord! (rechts); zwei kurz: nach Backbord! (links); drei kurz: rückwärts! Mit dem gleichen Signal quittieren die Schlepperführer jeweils die Order. Im übrigen heißt ein ganz kurzes Antippen mit der Pfeife »verstanden«, wenn Lotse oder Kapitän eine Anweisung durch das Megaphon hinübergebrüllt haben. Und »lang, zwei kurz, lang« bedeutet: »Alles klar«.
»Alles klar« geben die Schlepper, wenn sie im Strom die Leine übernommen haben. »Alles klar« tutet der Kapitän, wenn das Schiff fest ist, wenn die Schlepper es zum Schluß mit ihrem fendergeschützten Steven langsam – ganz sachte – an den Kai herangedrückt haben. Das heißt dann zugleich: »Mit Dank entlassen!« Nur der Schlepperführer, der den letzten Stich hatte, muß trotzdem noch einen Augenblick warten. Er nämlich hat den Lotsen zu den Landungsbrücken zu bringen.
Ein bis zwei Stunden dauert das Bugsieren eines Schiffes im allgemeinen. Im Winter jedoch, wenn die Schlepper mit ihren Schrauben auch noch das Treibeis fortmahlen müssen, das sich zwischen Kai und Bordwand des Frachters schiebt, können daraus leicht vier bis fünf Stunden werden. Ausgerechnet dann, wenn es auf der zugigen Brücke lausekalt ist ...

12: Föfftein

Für nur einen Moment ist er heraufgekommen. Unten, in seiner Maschine, läuft im Augenblick alles. Sie ist versorgt.

Da kann er sich mal eine kurze Pause gönnen. Er muß sie haben, der Maschinist. Denn es ist schwere Arbeit; und heiß ist es unten. Man sieht es seinem Gesicht an. Sein Interesse konzentriert sich allein auf die Tasse Kaffee. Keinen Blick hat er für den schmucken Hamburg-Süd-Frachter, die weiße »Cap Frio«, die Kurs Ostküste Südamerika hat und wohl fünfzigmal so viel PS besitzt wie seine kleine Schleppbarkasse. In der Nordsee und auf dem Atlantik wird sie ihre 17 Knoten machen. Vielleicht fuhr er früher – wie ja so viele im Hafen – auch mal auf solchem Schiff. Im Augenblick jedoch hat er offenbar keinen Sinn für derartige Erinnerungen. Er macht nach harten Stunden Föfftein.
Föfftein, vielfach sagt man auch Fofftein, ist das wohl beliebteste Wort im Hafen. Wörtlich übersetzt heißt es »fünfzehn«; in der Sprache der Seeleute bedeutet es: Pause, eine kurze Pause. Wahrscheinlich leitet es sich von der üblichen Viertelstunde ab, von fünfzehn Minuten. Doch kann der Chronist sich für diese Erläuterung nicht hundertprozentig verbürgen. Was er dagegen sicher weiß, das ist der Sinn der Redewendung – des Schnacks, wie man an der Wasserkante sagt – »Fief, tein, föfftein«. Das ist Götz von Berlichingen in Hafen-Höflichkeit. Es gibt zwar noch einen zweiten Teil (und das Ganze reimt sich sogar), aber er bleibt durchweg unausgesprochen. Just das ist die Höflichkeit dabei.
Pause ist Pause und von Zeit zu Zeit notwendig, nicht zuletzt im Hafen. Die Übereifrigen, die das dennoch ignorieren möchten, sind's eben selber schuld, wenn man ihnen zur Antwort gibt: »Fief, tein, föfftein . . .«

13: Löschplatz der Kümos

Auf den alten St.-Pauli-Fischmarkt geht der Blick. Er ist heute ein öffentlicher Löschplatz oder Freiladekai; das heißt, er ist ein Anlegeplatz für die Kleinen der christlichen Seefahrt, für die Kümos. In der Nähe haben deren Makler ihr Kontor, liegen die Läden und Lager der Schiffshändler, steht auch das Haus der Küstenschiffer. Meistens ist an diesem Kai mehr Betrieb als auf dem Bild sichtbar wird. Dort liegen die Kümos, wenn sie kurz auf Ladung warten müssen, dort nehmen sie auch gelegentlich Güter über. Ihre eigentlichen Lösch- und Ladeplätze aber sind die Überseehäfen. Überall sieht man sie an den Kais und vor allem längsseit großer Frachter.
Kümos, mögen einige von ihnen auch nur gut hundert Tonnen tragen, sind nicht unwichtig für den Hafen. Sie machen ihn zum Umschlagsplatz für viele kleine deutsche Häfen und für Skandinavien. Die großen Frachter nämlich, die im Liniendienst zwischen den Kontinenten verkehren, fahren durchweg nicht in die Ostsee, weil das zu zeitraubend und zu teuer ist. Hamburg ist ihr Endhafen und also der Umladeplatz für die überseeischen Importe und Exporte vor allem Schwedens und Dänemarks. Die Kümos, die mit ihrem geringen Tiefgang auch die kleinsten Häfen anlaufen können, sind die Zubringer und Verteiler. Der Freihafen bietet zudem den Vorteil, daß alle Güter des Seetransitverkehrs zollfrei umgeschlagen werden können.
Noch bis zum ersten Weltkrieg waren die Küstenschiffe durchweg Segler, kleine, 50 bis 200 Tonnen ladende Gaffel- oder Rahschoner mit zwei, drei Masten oder plattbodige, rundliche, einmastige Tjalken. Zwischen den Weltkriegen ließen die Küstenschiffer sich dann einen Motor einbauen, und ihre Schiffe hießen nun Motorsegler. Heute ist das Segel auch aus der Küstenfahrt verschwunden. Es gibt nur noch Küstenmotorschiffe. Und weil das ein so umständliches Wort ist, hat sich die Kurzfassung »Kümo« durchgesetzt.
Im Jahre 1961 wurden in Hamburg für deutsche Küstenhäfen rund 1,64 Millionen Tonnen Güter umgeschlagen; im Seetransit – vornehmlich für die skandinavischen Länder – waren es sogar 2,18 Millionen Tonnen. Die Kümos haben an dieser Ladung den größten Anteil. Sie befördern nicht nur Stückgüter aller Art, sondern auch Massengutpartien wie Kohlen, Düngemittel, Futtermittel, Holz, Zellulose, Eisen, Erze und Mineralölprodukte; viele kleine skandinavische Häfen werden von Hamburg aus mit überseeischem Getreide versorgt; die Kümos übernehmen es direkt von den großen Frachtern, die hier Ladungen selbst von 30000 Tonnen löschen.
Die Zeit, in der die Kümos im wesentlichen »an den Küsten entlangschipperten« und vorwiegend nur deutsche Häfen anliefen, ist nach dem zweiten Weltkrieg vollends zu Ende gegangen. Man spricht heute bereits, da Küstenschiffe bis zu den nördlichsten skandinavischen Häfen hinauflaufen und auch nach England und bis ins Mittelmeer fahren, vom »europäischen Seenahverkehr«. Entsprechend haben sich die Schiffe gewandelt. Die Neubauten sind hochmoderne, bis zu zwölf Knoten schnelle Frachter. Die meisten laden 350 bis 600 Tonnen. Es gibt aber bereits Kümos von 1000 Tonnen Tragfähigkeit. Als Kümos werden Schiffe dieser Größe wohl nur deshalb registriert, weil ihr Reeder dem Verband der Küstenschiffer angehört. In vielen Fällen ist es heute noch wie einst: der Kapitän ist zugleich der Eigner des Schiffes; zumindest besitzt er Parten (Wertanteile).
Rund tausend Schiffe mit einer Tragfähigkeit von zusammen 380000 Tonnen gehören zur deutschen Küstenflotte. 55 Prozent ihrer Tonnage ist in Hamburg beheimatet. Und 70 Prozent aller Eigner wohnen an der Elbe. Schon immer war die Unterelbe mit ihren vielen Nebenflüssen und kleinen Häfen und mit Hamburg als dem großen Übersee-Umschlagsplatz das Zentrum der deutschen Küstenschiffahrt.

14: An der Winsch

Der Mann an der Winsch lädt sich Tag für Tag eine ganze Schicht lang oder noch länger eine gute Portion Verantwortung auf seinen Buckel. Er jongliert mit jenen Kräften, die tonnenschwere Lasten heben und senken und sie vom Schiff zum Kai, vom Kai zum Schiff schwenken. Das erfordert Erfahrung, Begabung und vor allem immer wieder Konzentration. Der Mann an der Winsch nimmt deshalb gleich dem Decksmann, der für ihn in den Laderaum hinunterblickt und sein Tun mit fast unmerklichen Handzeichen dirigiert, unter den Schauerleuten eine besondere Stellung ein. Mann an der Winsch wird man nicht von heute auf morgen.
Kein geringes Können ist nötig, wenn es heißt, eine Hieve aus der äußersten Ecke eines Laderaumes herauszuziehen und sie gleich darauf ohne jede Pendelei nach oben zu holen. Auf die Ruhe kommt es an. Ganz ruhig muß die Hieve durch die Luft schweben; und das gelingt nur, wenn der Mann an der Winsch die Kräfte, die er mit ein paar Hebeln bewegt, virtuos beherrscht. Denn kein Sack darf aus dem Stropp rutschen, keine Kiste von der Palette fallen. Weniger des materiellen Schadens wegen, sondern weil's Gefahr brächte für die Kollegen unten im Raum oder auf dem Kai. Selbstredend, daß eine tonnenschwere Hieve butterweich aufgesetzt werden muß . . .
Ihre Meisterstücke liefern die Winschleute jeweils beim Verladen von Schwergut. Gewichte von 20 bis 30 Tonnen sind im Hafen geradezu etwas Alltägliches. Es kommt aber auch vor, daß Lokomotiven, Maschinen und Bauteile für Fabriken, die in fernen Ländern errichtet werden, hundert Tonnen und mehr wiegen. Zum Beispiel hat man im Hafen schon eine 23 Meter lange und 123 Tonnen schwere, für die Sowjetunion bestimmte Lokomotive (von 4000 PS und 160 Kilometer Geschwindigkeit in der Stunde) verladen. Und den Rekord hält einstweilen ein Großstator, der kesselförmige Teil eines für Los Angeles bestimmten Turbogenerators. 182 Tonnen wog der Gigant.
Eine solche Schwergutladung verlangt von den Stauern und

der Schiffsleitung zunächst einmal eine wahre Generalstabsarbeit. Häufig hat der Spediteur schon einige Mühe, den Koloß mit der Bahn oder auf einem Spezialtieflader über Land zu befördern. Dann muß genau ausgerechnet werden, wie sich die Last auf die sogenannte Stabilität des Schiffes auswirkt, das heißt, wie sie sein Verhalten im Seegang beeinflußt. Schließlich ist zu errechnen, ob und wie man die Verbände des Schiffes verstärken muß; meistens ist es nötig, dem dicken Brocken eigens ein Fundament zu bauen. Außerdem muß überlegt sein, wie man ihn am besten festzurrt, damit er sich auch bei stärkstem Seegang nicht rippt und nicht rührt.
Der König bei solcher Verladung aber ist der Mann an der Winsch oder im Führerhaus eines Schwergutkranes. Gerade mit solcher Last muß er Maßarbeit leisten. Nicht nur, daß sie lediglich zentimeterweise gesenkt werden darf und ohne den geringsten Aufprall abgesetzt werden muß – häufig auch ist ein solcher Brocken so lang oder breit, daß er nur um Zentimeter durch die Lukenöffnung geht. Es gibt jedoch Winschleute, die nehmen, wenn ihre Hände fast unsichtbar mit den Hebeln »spielen«, nicht einmal die Zigarette aus dem Mund, die schaffen das in einer Viertelstunde.
Im Hafen Hamburg engagiert man fürs Verladen dieser Schwergewichte meistens einen der Schwimmkräne. Einer von ihnen hebt 150, der andere nimmt 200 Tonnen an den Haken. Sie haben den Vorteil, daß sie ihre Last bei sich an Bord absetzen und damit durch den Hafen direkt zum Schiff fahren können; denn sie sind, obwohl auf viereckigen Pontonkästen montiert, mit Hilfe ihrer Voith-Schneider-Verstellpropeller sehr beweglich. Allerdings haben auch viele Frachter ihr eigenes Schwergutgeschirr für solcherart Arbeit. Sie müssen es haben, weil in fremden Häfen, in denen sie ihr gewichtiges Gut an Land setzen, meistens Schwerlastkräne fehlen. Die Höchstleistung, die in dieser Hinsicht je ein Schiff vollbracht hat, wurde gleichfalls in Hamburg geboten – vom Motorschiff »Treuenfels« der DDG Hansa; zwei gekoppelte Schwertgutbäume dieses Frachters hoben 269 Tonnen und krängten ihn dabei um nur 13 Grad über. Gebaut worden ist das Schiff auf der Stülcken-Werft in der Hansestadt; dort auch wurde das Ladegeschirr erdacht und konstruiert.

15: Der Wald der Ladebäume

16: Löschen am Kai und im Strom

Vor jedem backsteinroten Schuppen ist die Reihe der schlanken, ragenden Kräne aufgefahren. Sie besorgen das Laden und Löschen der Schiffe, die am Kai liegen; denn sie heben die Lasten schneller und sie reichen weiter als die Ladebäume der Frachter. Ist deren Geschirr also überflüssig in Hamburg? Nein – keineswegs. Die Kräne nämlich bringen doppelten Vorteil. Während mit ihrer Hilfe der Kai-Umschlag geschafft wird, kann auf dem Schiff zur gleichen Zeit mit den Ladebäumen noch nach außenbords gearbeitet werden. Dort liegen die Schuten, die die Güter zu den Speichern bringen; dort machen Küstenschiffe fest, die Ladung für Skandinavien übernehmen; dort auch kommen die Barkassen längsseit, die Besatzung und Schiff mit allem Nötigen für die nächste Reise versorgen. Motto: schneller Hafen.
Auf Bild 16 sieht man außerdem ein Schiff, das an den Pfählen festgemacht hat, mitten im Hafenbecken, ohne Landverbindung. »Es liegt im Strom«, sagt man in Hamburg. Das Wort stammt aus der alten Zeit, als alle Schiffe in gleicher Weise auf der Norderelbe festmachen mußten. In diesem Falle ist es ein – Tanker, der mit einer Ladung Getreide gekommen ist. Saugheber machen ihn leer. Für solche Schiffe, die ihre Fracht oder einen Teil davon in Schuten, Kähne oder Küstenschiffe löschen oder ihre Ladung aus diesen Fahrzeugen übernehmen, ist der Strom-Umschlag günstig. Denn die Liegeplätze an den Dalben sind nicht so teuer wie jene am Kai. Hein Seemann läßt sich dann eben vom »Jollenführer« an Land fahren, und Telefonanschluß ist an den Pfählen auch zu haben.
In den 36 Seeschiffhäfen Hamburgs können zur gleichen Zeit etwa 300 Seeschiffe und seegehende Küstenschiffe festmachen. Die Kaimauern haben eine Länge von 36 Kilometer, und die Dalben-Liegeplätze sind gut 20 Kilometer lang. Für Fluß- und Binnenschiffe stehen in 23 Hafenbecken Liegeplätze von 21 Kilometern an Kaimauern und von 26 Kilometern an Pfählen zur Verfügung. Die Uferstrecken des gesamten Hafengebietes messen 290 Kilometer – 40 Kilometer mehr als die Entfernung Hamburg–Berlin in der Luftlinie.
Der Staat und die Privatwirtschaft teilen sich die Arbeit im Hafen. Das hat sich im Laufe der Jahrhunderte so ergeben. Der Staat zum Beispiel baut die Häfen und Kaianlagen, die Schuppen, Kräne, Speicher und vieles mehr. Zuständig dafür ist das Amt für Strom- und Hafenbau. Betrieben werden die meisten Umschlagsanlagen, vor allem jene für die Stückgüter, von der Hamburger Hafen- und Lagerhaus-AG., kurz Hala genannt. Ihre Aktien sind in Staatsbesitz. Einen Teil der Anlagen jedoch vermietet die Gesellschaft, einige Schuppen zum Beispiel an Reedereien, die Speicherböden an die Lagerhalter. Die Arbeit auf den Schiffen und auch der Umschlag von Massengütern ist so gut wie ausschließlich in der Hand von privaten Unternehmen.

17: Baumwolle aus den USA

18: Autos nach Mittelost

Es ist nicht möglich, die Unzahl der Güter aufzuzählen, die Tag für Tag via Hamburg aus aller Herren Ländern ins Binnenland oder aus Mitteleuropa über den Hafen in alle Welt hinaus gehen. Ebenso ist es hier unmöglich, die Häfen zu nennen, mit denen die Stadt durch Liniendienste verbunden ist; es sind etwa 1100. Noch niemals zuvor war das Liniennetz so dicht wie heute. 1961 wurden im Liniendienst 8805 Abfahrten geboten, im Monatsdurchschnitt also 733. Nach festem Fahrplan verlassen den Hafen täglich: zwölf Schiffe zu europäischen, sechs zu amerikanischen, drei zu afrikanischen und vier zu asiatischen und australischen Häfen. Mit anderen Worten: Ladung in jede Himmelsrichtung findet in Hamburg sofort ein Schiff.
Die Linienschiffahrt – Verkehr auf festen Routen, Abfahrt und Ankunft in allen Häfen zu vorbestimmten Zeiten – ist geradezu der Gradmesser für die Bedeutung eines Hafens, der Handel mit aller Welt treibt. Denn die Linienfahrer sind die Schiffe der Kaufleute, der Importeure, die Güter aus allen Ländern einführen und der Exporteure, die ihre Waren möglichst schnell in jeden Winkel der Welt befördern möchten. Etwa 250 Liniendienste, fünf Dutzend mehr als 1936, zählt man an der Elbe. Nicht weniger als 70 Prozent der Tonnage, die in diesen Diensten fährt, gehört ausländischen Reedern. Eine Übersicht über die Fahrtgebiete zeigt, wie sehr sich nach dem Krieg Handel und Verkehr in Hamburg verändert haben. Die Zahl der Fahrplan-Abfahrten, die heute zum Beispiel zu den Häfen der anderen Kontinente geboten werden, ist mehr als doppelt so groß wie 1938: unsere Wirtschaft ist bedeutend stärker auf den Warenaustausch mit Übersee eingestellt als damals. In der Europafahrt dagegen ist die frühere Abfahrtsdichte noch nicht wieder erreicht worden – nicht zuletzt auch deshalb, weil die Autarkiebestrebungen in den Ostblockländern ihre Wirkung tun.

19: Fastmoker

Schlepper allein tun es nicht, wenn es gilt, ein großes Schiff an die Pfähle oder an den Kai zu bringen. Es müssen auch noch Männer da sein, die die Verbindung mit dem Land oder dem Duckdalben herstellen, die armdicke Manilataue und unhandige Stahltrosssen zu bändigen wissen. Das sind die Festmacher. Fastmokers nennt man sie. Sie sind eine Gilde für sich.

Ihre Boote, aus bester Eiche gebaut, zählen zu den kleinsten. Sie sind offen und kaum sechs Meter lang. Wenn ein dicker Schlepper mit voller Fahrt vorbeibraust, dann tun die Festmacher gut daran, den Motor schnell ein wenig zu drosseln und die steilen Heckwellen mit einem kurzen Ruderschlag geschickt auszudümpeln. Sonst ist ihnen eine Pütz Elbwasser sicher.

Die Boote haben so sinnige Namen wie »Mok fast«, »Hein Mück« oder »Griep to«. Etwas anderes als die plattdeutsche Sprache kennen die Festmacher nicht; die meisten kommen aus dem Seemannsberuf. Ihr Arbeitsgerät ist die Wurfleine. Eine gehörige Portion Kraft und Geschicklichkeit müssen sie außerdem besitzen. Damit es nicht vergessen wird: sie selbst bezeichnen sich nicht als Fastmoker; sie sind »die Bootleute«.

In dem Augenblick, in dem die Schlepper den dicken Frachter schon nahe am Liegeplatz haben, knattern sie mit ihrem kleinen Boot heran. Zwei Mann werden schnell an einer eisernen Kaileiter abgesetzt und steigen nach oben, an Land. Nur einer bleibt an Bord. Wenn ihm von der Back des großen Frachters die schwere Trosse heruntergegeben wird, dann braucht er eigentlich vier Hände. Das Tau fassen und flüchtig aufschießen, Motor und Ruderpinne bedienen und stets aufpassen, daß es keine Kollision gibt – das alles will zu gleicher Zeit getan sein.

Und schnell will es getan sein. In Windeseile knotet der Mann im Boot die leichte Wurfleine an das dicke Tau und wirft sie auf den Kai. Die beiden Kollegen fangen sie auf, ziehen daran das zentnerschwere Tau nach und streifen sein Auge über den nächsten Poller – die erste Trosse ist fest. Und das Schiff kann, indem es sie langsam mit Maschinenkraft steifholt, mithelfen, sich ganz an den Kai heranzuziehen.

Mit einer Trosse jedoch ist es nicht getan. Der vorderen folgt die achtere, und dann lassen die Janmaaten von Bord des Frachters noch etliche Wurfleinen in hohem Bogen an Land segeln. Mit zwei Tauen ist ein Schiff noch nicht fest. Vier sind es meistens vorn, und ebenso viele sind es achtern. Dazu kommen die in entgegengesetzter Richtung haltenden beiden Springs und eventuell noch mehr – falls der Alte (sprich: Kapitän) es wegen Wind und Wetter für notwendig hält.

Wenn die Fastmokers ein Schiff an die Pfähle bringen, dann bleiben sie zwar alle im Boot, aber auch dieser Job hat seine Tücken. Denn wie gesagt, die Leinen sind zentnerschwer, und ihr kleines Fahrzeug dümpelt bei der Arbeit in den Wellen auf und nieder. Und erst im Winter, wenn die Kais vielleicht vereist, die dicken Trossen steifgefroren und die Finger klamm sind, wenn Treibeis die Boote kaum vorwärtskommen läßt, wenn ablandiger Sturm den großen Kasten immer wieder fortzudrücken versucht, wenn die Ringe an den Pfählen bei Hochflut in eiskaltem Wasser verschwunden sind, wenn es Schnee von oben und Wasser von unten gibt, dann ist das Festmachen wahrlich kein Vergnügen. »Un grod in'n Winter komt de meisten Dampers ...«

Dennoch schimpfen sie nicht auf ihren Beruf, die Festmacher. Und Sorgen um den sogenannten Nachwuchs haben sie auch nicht. Sie sind eben eine Gilde für sich.

Post scriptum: Ihr Privileg ist nicht nur das Festmachen. Sie sind auch beim Verholen und Auslaufen der Schiffe dabei, beim Ablegen also; das Loswerfen der Leinen geht gleichfalls nicht ohne sie vonstatten.

20: Die Speicherstadt

Sie erinnert mit ihren so gedrängt stehenden Gebäuden ein wenig an eine mittelalterliche Stadt. Sie hat auch etwas Festungsartiges, Bergendes an sich. Und sie verheimlicht wiederum nicht, weil eben der Türmchen-Zierrat nicht zu übersehen ist, wann sie gebaut wurde – am Ende des vorigen Jahrhunderts nämlich. Es ist die Rede von der Speicherstadt. Im Hafen nennt man sie zuweilen auch »die Speisekammer Mitteleuropas«. Und das ist nicht einmal übertrieben. Denn bis unters Dach ist sie vollgestopft mit den Waren der Welt. Diese Speisekammer liefert den Deutschen in der Tat einen wesentlichen Teil der Nahrungs- und Genußmittel, die aus anderen Kontinenten kommen.

An wenigen Beispielen sei das demonstriert. Von dem Tee und Kakao, den die Bundesrepublik importiert, gehen 70 bis 80 Prozent über Hamburg; beim Kaffee, bei Gewürzen, Honig und Trockenfrüchten aller Art sind es 60 bis 70 Prozent; und bei Gemüse- und Obstkonserven sowie Tabak kommt der Hafen auf einen Anteil von 50 bis 60 vom Hundert. Das sind jedoch nur die bedeutenden Warengruppen. Man findet auf den Böden der Speicher alles, was der Gaumen und das Herz nur begehren – bis hin zu Bettfedern, Nähmaschinen, Schildkrötenleder und Riesenstapeln von wertvollen Orientteppichen.

Diese Speicherstadt bietet dem Überseekaufmann, dem Importeur, einen entscheidenden Vorteil. Weil sie im Freihafen liegt, kann er die eingeführten Waren dort zollfrei lagern. Das bedeutet: er kann die Waren auf dem Weltmarkt dann in großen Partien kaufen, wenn die Preise am günstigsten sind; er braucht nicht sofort Abnehmer dafür zu haben; denn der Zoll, den er für die Importe zu entrichten hat, wird stets erst fällig, wenn die Ware den Freihafen verläßt – und das kann nach und nach in kleinen Partien geschehen. So wird ihm die Importfinanzierung erleichtert, so können die Käufer die Ware auf den Speicherböden besichtigen; und außerdem kann der Importeur sie zurück-exportieren, ohne dem Staat einen Pfennig bezahlen zu müssen.

Entstanden ist die Speicherstadt, weil – Bismarck es so wollte. Er hat viel Mühe und alle seine Listen darauf verwandt, um die Hansestadt Hamburg nach der Gründung des Deutschen Reiches auch voll in dessen Zollgebiet einzugliedern. Denn das hatten sich die Hanseaten 1871 ausbedungen: ihre Stadt und ihr Hafen sollten, so lange sie es wünschten, ein Bereich bleiben, in dem des Außenhandels wegen keine Zölle erhoben werden dürften.

Bismarck und seine Experten jedoch, denen ein einheitliches und deshalb starkes deutsches Wirtschaftsgebiet vorschwebte, wollten es anders. Und die Hamburger stimmten, halb gezwungen, halb überzeugt, schließlich zu – zu ihrem großen Vorteil, wie sich dann schnell zeigen sollte. Daß sie sich bei dem harten Ringen mit dem Kanzler einen begrenzten Freihafen und für dessen Bau noch einen ansehnlichen Reichszuschuß heraushandelten, das versteht sich am Rande. Für diesen Freihafen nun waren nicht nur neue Hafenbecken zu bauen, sondern auch neue Speicher. Auf den Böden der Stadtspeicher nämlich konnten die Waren nicht mehr zollfrei gelagert werden, weil die Hansestadt selbst zum deutschen Zoll-Inland wurde.

Mit dem Bau der Speicherstadt haben die Hanseaten sich beinahe selbst übertroffen. Als die Entscheidung gefallen war, gingen sie mit einem Elan ohnegleichen ans Werk. Die Speicher mußten direkt am Hafen liegen und auch direkt an der Stadt, das war die Forderung der Kaufleute. Dafür gab es nur einen Platz: den Brook-Stadtteil im Kirchspiel Sankt Katharinen, der einst vornehmlich von Holländern grachtenähnlich bebaut worden war. 22000 Menschen wohnten dort. In wenigen Jahren siedelte man sie um, riß man ihre Häuser nieder, errichtete man in schlechtem Untergrund auf einem wahren Wald von Pfählen die langen Reihen der Speicher. An einer Seite werden sie stets von Wasser bespült, können

Schuten und andere kleine Fahrzeuge direkt an ihren Mauern anlegen; auf der anderen Seite, an der Straßenfront, fahren die Lastwagen und sogar Eisenbahnwaggons vor.
Die Speicherstadt wurde im Krieg zu etwa 70 Prozent zerstört. Wer genau hinsieht, erkennt das Ausmaß der Vernichtung noch heute an den vielen neuen Außenmauern. Dort, wo von Grund auf neu gebaut werden mußte, sind sie natürlich ihre Türmchen losgeworden. Einmal wird die so einheitlich gegliederte Backsteinfront sogar von einer leicht geschwungenen Fassade mit blitzenden Fensterreihen unterbrochen, vom Kontorhaus des Kaffeehandels. Heute steht den Importeuren in der city-nahen Speicherstadt wieder eine Lagerfläche von fast 400000 Quadratmetern zur Verfügung; weitere 150000 Quadratmeter kommen in den stadtferneren Lagerhäusern des Hafens noch hinzu. Selbstverständlich hat es beim Wiederaufbau manche Neuerung gegeben; auf einigen Böden arbeiten sogar schon Gabelstapler. Doch hatte man nach diesem letzten Krieg nicht den geringsten Grund, die Speicher im Prinzip anders zu bauen als früher. So gut haben sich die etwa 30 Meter tiefen Gebäude mit den sechs oder sieben Böden über Keller und Erdgeschoß bewährt.

21–24: Männer im Hafen

Männer im Hafen – allein darüber könnte man ein Buch schreiben! So vielfältig ist die Arbeit zwischen Norderelbe und Süderelbe, so groß ist die Zahl der Berufe, die man dort trifft. Doch sprechen wir hier, weil gerade von der Speicherstadt die Rede war, von nur einem Beruf: von den Quartiersleuten.
Was ein Schauermann ist oder ein Kaiarbeiter, das wissen durchweg selbst die Quiddjes, die sonst vom Hafen nicht viel und vom Plattdeutschen gar nichts verstehen. Was ein Festmacher, ein Schiffsreiniger oder Kornumstecher ist, das kann man sich noch aus dem Namen zusammenreimen, und der Talleymann ist zumindest deshalb kein Unbekannter, weil ein berühmter Schlager von ihm kündet (obwohl er, das sei hier angemerkt, keineswegs nur Bananenbüschel zählt und kontrolliert). Jedoch: Quartiersleute?
Zunächst sei festgestellt, daß die Einzahl, das Wort »Quartiersmann«, einem Hamburger nicht so recht über die Zunge will. Eigentlich gilt nur die Mehrzahl: Leute. Und das hat seinen historischen Grund. Die Quartiersleute sind von alters her die Lagerhalter der Importeure, und früher war es Satz, daß zu solcher Firma vier Mann gehörten. Hervorgegangen sind sie aus dem Beruf der Hausküper in den Handelshäusern. Je vier Küper taten sich zu einem Quart zusammen und machten sich selbständig, indem sie ein Quartier mieteten, einen eigenen Lagerraum. Ohne den Zusatz »& Consorten« war ihre Firmenbezeichnung nicht denkbar. Doch galt diese allein für den Schriftverkehr. Im Hafen hatten die Quartiersleute stets ihren Spitznamen. Jeder wußte auf Anhieb, welche Konsorten gemeint waren, wenn von den Grootsnuten, den Buntbüxen, den Stohlbinners, Gröhlmöllers, Tünbüdels oder Pepermeiers die Rede war.
Wenn sie auch nicht mehr die alte Tracht tragen, die schwarze Jacke mit Silberknöpfen, das lederne Schurzfell und den Zylinder, so erkennt man sie trotzdem auf Anhieb; denn heute tun sie es nicht ohne die blaue Mütze und die weiße Schürze. Das Bild aus der Speicherstadt zeigt es. Und geblieben sind sie, was sie stets gewesen sind, die Treuhänder des Kaufmannes.
Die Quartiersleute-Firmen mieten im Hafen Speicherböden und nehmen dort die Güter der Importeure auf Lager, um sie auf Anforderung an den Empfänger auszuliefern. Sie sorgen nicht nur dafür, daß die Ware während des Lagerns keinen Schaden nimmt, sie bearbeiten sie auch, indem sie sie reinigen, sortieren, trocknen, mischen ... In den Speichern haben sie dafür vielfältige Maschinen installiert, und die meisten Firmen sind auf bestimmte Güter spezialisiert, die einen auf Kaffee, die anderen auf Tee, die dritten auf Gewürze, diese auf Felle und Häute, jene auf Trockenfrüchte, um nur einiges zu nennen.
Schon am Schiff haben die Quartiersleute darauf zu achten, ob die Ware vielleicht beschädigt ist. Sie ziehen die Proben, nach denen der Kaufmann seine Importe verkauft. Sie beurteilen die Qualität und überwachen auf diese Weise, ob der Exporteur seinen Kaufkontrakt eingehalten hat. Das Messer, mit dem sie einen Sack aufschlitzen, um den Inhalt zu prüfen, die dicke Nadel, mit der sie ihn gleich wieder dichtnähen, haben sie stets parat. Und besonders große Stücke halten sie auf Katzen. Mäuse darf es möglichst nicht geben in den Speichern. Selbst dann, wenn alle Türen dicht verschlossen sind, haben die Katzen überall freie Jagd. Für sie ist an jeder Tür eigens ein Durchschlupf ausgespart.

25: Der Schauermann

Im Hafen ist manches ein wenig kompliziert. Zum Beispiel sollte man meinen, daß seine ersten offenen Lagerschuppen früher auch Schauer genannt wurden, und man könnte daraus dann auf den Arbeitsplatz der Schauerleute schließen. In Hamburg jedoch ist es umgekehrt. Die Schauerleute arbeiten an Bord. Auf Hochdeutsch heißen sie Stauer, und an etlichen ihrer Barkassen findet man's international: Stevedores. Nach Paragraph 514 des Handelsgesetzbuches haben sie »die gehörige Stauung nach Seemannsbrauch« vorzunehmen.
Das allerdings ist leichter niedergeschrieben als jedesmal wieder neu getan. Die Güter im Schiffsraum so zu packen und zu stapeln (und festzuzurren), daß sie auch die längste und stürmischste Reise ohne Schaden überstehen, das ist nur der eine Teil der Arbeit. Er erfordert einiges an Kraft und Geschicklichkeit, das ist keine Frage. Der andere Teil dagegen verlangt vor allem »Grütt in'n Kopp«, wie man an der Küste sagt. Diesen Teil hat der Stauerviz zusammen mit dem Ladungsoffizier des Schiffes zu erledigen. Gemeint ist der Stauplan. Bis in die kleinste Einzelheit muß er vorher ausgearbeitet sein. Nicht nur gilt es, die Güter so in den Laderäumen zu stapeln, daß sie später ohne Schwierigkeit in der Reihenfolge der Anlaufhäfen gelöscht werden können – es kommt zugleich auf die äußerst penible Verteilung des Gewichts an, auf die sogenannte Stabilität des Schiffes. Wenn sie nicht gewahrt bleibt, dann geraten Schiff und Mannschaft bei schwerem Wetter in Gefahr.
Schauermannsarbeit ist nicht zuletzt eine organisatorische Aufgabe. So klingeln im Büro der Stauerei abends spät noch und morgens vor Tau und Tag schon wieder die Telefone. Unaufhörlich. Da hat man die Makler, die Spediteure, die Bundesbahn, den Schiffsmeldedienst an der Strippe; da wird geklärt, ob die avisierte »Suruga Maru« tatsächlich um sieben Uhr löschbereit ist, an wieviel Luken die »Tübingen« Stückgut übernehmen wird, wieviel Bananenstauden die »Quartole« mitbringt, ob der 200-Tonnen-Schwimmkran um elf Uhr zur »Oldekerk« kommen kann, ob die Waggons mit den Autos für die »Breitenstein« auch rechtzeitig bereitstehen ...
An Arbeitskräften mangelt es den 43 Stauereibetrieben in Hamburg zwar nicht, denn sie selbst haben rund 2700 feste Leute, und weitere 1800 Schauerleute stehen für sie bei der Gesamthafenbetriebsgesellschaft sozusagen in Reserve, auf Abruf bereit. Das Problem, das jeden Tag dreimal wieder neu gelöst sein will, ist der Einsatz dieser Kräfte. Jede Stunde bringt neue Schiffe in den Hafen, jedes Schiff hat einen anderen Liegeplatz, hat andere Ladung zu löschen oder zu übernehmen. Und es geht »rund um die Uhr« – man arbeitet in drei Schichten. Und die Arbeit soll stets sofort beginnen. Und so schnell wie möglich getan sein. So nämlich wünscht

es der Reeder. Denn time is money für ihn. Ein Schiff verdient nur dann Geld, wenn es unterwegs ist, wenn es Entfernungen überwindet, Seemeilen frißt. Jeder im Hafen verwartete Tag kostet dem Eigner eines 10000-Tonners zum Beispiel an die 10000 Mark Liegegebühren, Betriebs- und Personalausgaben. So ist es kein Wunder, daß die im Laderaum eingesetzten Gänge der Schauerleute – »Teams« würde man sie heute wohl nennen – bereits mit Gabelstaplern, Förderbändern und anderen mechanischen Umschlagsgeräten arbeiten. Aber das ist doch nur in begrenztem Umfang möglich. Die meisten Säcke, Kisten, Ballen, Bündel von stinkenden Häuten oder was es sonst noch alles gibt müssen nach wie vor mit Muskelkraft bewegt werden. Bei solchem Tun gedeiht natürlich nicht der Ton des feinen Mannes. Schauerleute sagen stets, was sie denken. Sie sagen's allerdings auch zum Vizen und zum Baas, der noch höher steht als der Viz. Und übelgenommen wird bei ihnen nichts, denn es ist alles nur halb so wild gemeint. »Kiek ut, du Dämlack!« – das zum Beispiel ist die allerfreundlichste Aufforderung, sich nicht in der nächsten Sekunde von einer Hieve unbemerkt ins Jenseits befördern zu lassen.

26: Auch die Alster ist noch »Hafen«

27: Nikolaifleet: Alt-Hamburg

28: Alsterfleet: Beton und Glas

Selbst geborenen Hamburgern kommt es zuweilen in den Sinn, auf die »schietigen« Kohlenschuten zu schimpfen, die von Ewerführern mit langen Peekhaken durch die Fleete gestakt werden und dann, bevor der Schlepper mit ihnen über die Außenalster davontuckert, dichtgedrängt an der Reesendammbrücke liegen, ausgerechnet an Hamburgs bestem Stück, dem Jungfernstieg. Es gilt eben allein das, was Friedrich von Hagedorn vor 200 Jahren geschrieben hat, es gilt das Gedicht:

> Befördrer vieler Lustbarkeiten,
> Du angenehmer Alsterfluß!
> Du mehrest Hamburgs Seltenheiten
> Und ihren fröhlichen Genuß!
> Der Elbe Schiffahrt macht uns reicher,
> Die Alster lehrt gesellig sein.
> Durch jene füllen sich die Speicher,
> Auf dieser schmeckt der fremde Wein.

Die Alster geht den Hanseaten über alles. Auf der Alster haben allenfalls weiße Schwäne und weiße Segel ihren Weg zu ziehen, dort soll das Erwerbsleben nichts zu suchen haben, dort sind selbst die Schuten, die das Gaswerk im volkreichen Stadtteil Barmbek mit Kohle versorgen, nur höchst ungern geduldet.

Mit einigem Stolz pflegen tranditionsbewußte Hamburger zu sagen, daß sie an der Alster und nicht an der Elbe geboren sind. Sie haben recht damit. Denn ursprünglich hat ihre Stadt allein an diesem kleinen Nebenfluß der Elbe gelegen, rund zweitausend Meter vom großen Strom entfernt. Sie irren jedoch ein wenig, wenn sie ihre Alster lediglich als »Befördrer vieler Lustbarkeiten« ansehen. So hat denn auch der Altmeister ihrer Geschichte, Heinrich Reincke, mit einiger Absicht wider diesen Stachel gelöckt, als er einem historischen Büchlein den Titel »Die Alster als Lebensader Hamburgs« gab.

Natürlich ist es keine Frage, daß allein die Elbe Hamburg zu einem Welthafen gemacht hat. Dennoch sollte man den Anteil, den die Alster daran hatte, nicht unterschätzen! Auf den von der Alster umflossenen Resten einer gräflichen Burg entstand – gegenüber der auf einer Geestzunge liegenden bischöflichen Stadt – ab 1188 die »Neustadt« der hansischen Fernkaufleute. In der Alsterschleife, die als Nikolaifleet noch heute erhalten ist, löschten und beluden die Kaufleute ihre Schiffe. Dieses Fleet also, an dem die letzten der schmalbrüstigen Altstadthäuser stehen, die in den unteren Geschossen Kontorräume und Wohnung bargen, während ihr oberer Teil als Speicher diente, war der erste Hafen von Hamburg. Allerdings trifft das nur zu für die Handelsstadt, die Graf Adolf III. von Schauenburg vor knapp acht Jahrhunderten gründete. Denn die jüngste Spatenforschung hat den Beweis erbracht, daß auch bereits das Ur-Hamburg, das sein Entstehen auf Ludwig den Frommen zurückführt (der 825 die Hammaburg als Grenzkastell gegen die Slawen anlegte) einen kleinen Hafen besessen hat. Er lag am 1877 zugeschütteten Reichenstraßenfleet und war einstmals einer der vielen Wasserläufe im Marsch- und Sumpfgebiet der Elbe-Niederung, möglicherweise eine Verbindung zwischen der unteren Alster und der unteren Bille.

Zu Beginn der Hansezeit also, das sei betont, machte auch die Alster-Schiffahrt die Hanseaten reicher. Mehr noch: die Alster ist sogar einmal Teil einer durchgehenden Wasserstraße zwischen Hamburg und Lübeck gewesen, indem man sie durch einen Kanal über die Beste mit der Trave verband. Rund ein Jahrhundert haben die Hamburger an diesem Wasserweg, der 26 Schleusen hatte und von etwa 20 Tonnen tragenden (23 Meter langen und fünf Meter breiten) Kähnen befahren werden konnte, geplant und gebaut. Aber nur etwa zwei Jahrzehnte, von 1529 bis 1549, hat die Herrlichkeit der durchgehenden Schiffahrt gedauert. Ein großer Böschungsrutsch machte die Kanalstrecke unpassierbar. Auf der oberen Alster aber hat es die Frachtschiffahrt mit den »Alsterböcken« bis ins vorige Jahrhundert hinein gegeben.

Vom Wert der Alster für Hamburgs Wirtschaft ist noch einiges mehr zu melden. Der große See, der der Stadt das Gesicht gibt, ist entstanden, weil die Bürger – leben mußten. Von Brot nämlich. Sie brauchten eine Wassermühle, und deshalb bauten sie den Reesendamm, den heutigen Jungfernstieg, als Stauwehr. Binnen- und Außenalster sind also nichts anderes als ein Mühlenteich, der sich in dem langgestreckten Wiesental bildete. Und die heute in Stein gefaßte Kleine Alster am Rathausmarkt ist der einstige Kolk unterhalb des Wehres.

1235 schüttete man den Reesendamm auf, aber auch vorher schon, seit 1188, hatte man eine Getreidemühle an der Alster. Deren Wehr lag oberhalb des Nikolaifleet-Hafens beim Burstah, und der erste Hamburger Mühlenteich bedeckte das Gelände, auf dem heute die berühmtesten Straßen der City stehen. Auch schöpften die Hamburger aus der Alster das Wasser für ihr damals weitberühmtes Bier, von dem das »Brauhaus der Hanse« zeitweise 400000 Hektoliter jährlich verkaufte. Gerade des Wassers wegen soll es so gut geschmeckt haben!

Nicht zuletzt hatten die Fleete, von denen es einstmals viel mehr gegeben hat als heute, ihre Bedeutung für die Stadt. Sie erlaubten es, die Güter der Seeschiffe mit Schuten bis zu den Handelshäusern zu bringen. Die meisten Fleete waren sicherlich als natürliche Wasserläufe vorhanden; doch haben die Bürger daraus ein wohldurchdachtes Netz von Stadtkanälen gemacht. Und die »Fleetenkieker«, die früher bei Ebbe durch den Mutt wateten und sich um allerhand Abfall rauften, die so oft die Zielscheibe des öffentlichen Spottes gewesen sind, waren ursprünglich Beauftragte des Rates; sie hatten dafür zu sorgen, daß Schiffer und Speicherleute ihren Ballast und Unrat nicht in die für den Handel so wichtigen Wasserläufe schütteten. Alsterfleet und Bleichenfleet, die, eingerahmt von den Mauern hoher Häuser, heute am stärksten ins Auge fallen, hatten außerdem noch eine andere Funktion: sie waren – nacheinander – die Festungsgräben der Stadt vor dem Alten Wall und dem Neuen Wall.

29: XXXIV Fuß

Der Photograph war, als er dies Motiv entdeckte, sicherlich angetan von dessen strenger Graphik: von den schrägen Linien des Stevens und der Gangway, der Senkrechten des Ankers, den klaren Grenzen zwischen Schwarz und Grau; vielleicht auch noch von dem Kontrast, den der so winzig wirkende Mensch, Janmaat auf der Gangway, dazu bietet. Dem Hafen-Chronisten fiel beim Anblick dieses Bildes ein, daß er nicht umhin kommt, es »He Lücht« ein wenig gleichzutun und zu erläutern, was es nun eigentlich mit den Tonnen auf sich hat. Das allerdings läßt sich hier nur in vereinfachter Form darstellen. Kompliziert genug bleibt es trotzdem.

Das Maß der Dinge setzen die Engländer. Sie rechnen in Fuß, und alle Welt ist also gezwungen, es auch zu tun. Das heißt, die Deutschen vermessen ihre Schiffe zunächst in Kubikmetern, um erst danach der Internationalität Genüge zu tun und umzurechnen. Sie haben dafür Tabellen, und deshalb auch ist es möglich, hier mitzuteilen, wie groß ein Fuß genau ist: nämlich 0,30479 Meter. Bei den XXXIV Fuß, die auf der Tiefgangsskala am Steven verzeichnet sind, macht das bis Unterkante Zahl 10,36301 Meter.

Das Fuß-Maß und die Engländer sind auch schuld daran, daß es mit den Tonnen seine Tücken hat. Ein 10000-Tonner kann zum Beispiel durchaus auch ein 15000-Tonner sein. Es kommt ganz darauf an, wie man ihn betrachtet, welche Tonnen man meint.

Steht hinter der Tonnen-Zahl die Bezeichnung BRT, dann heißt das Brutto-Register-Tonnen, dann ist das ein Raum-Maß: der Brutto-Inhalt eines Schiffes, und jede dieser Tonnen ist 2,83 Kubikmeter groß, weil eine BRT hundert Kubikfuß mißt. Der Mann, der dieses System erdacht hat, hieß Mr. Moorsom. Er wollte die Sache vor mehr als hundert Jahren vereinfachen und ging deshalb zum Raum-Maß über. Vorher hatte man über den Daumen gepeilt und die Ladefähigkeit eines Schiffes nach der Zahl der Weintonnen berechnet, die es verstauen konnte. Diese hatten etwa 40 Kubikfuß und wogen zugleich rund eine Tonne. Aber das war Mr. Moorsom nicht genau genug, und so sind die Dinge denn etwas schwieriger geworden. Um es zu wiederholen: der Brutto-Raum eines Schiffes ist sein umbauter Raum in BRT zu je 2,83 Kubikmeter – abzüglich einiger Kleinigkeiten allerdings; der Luftschacht über dem Maschinenraum, der Schornstein-Inhalt, das Ruderhaus, der Raum für die Rudermaschine und seltsamerweise auch die Kombüse (Küche) sowie die Klos gelten bei der Brutto-Vermessung eines Schiffes als nicht vorhanden.

Mit den BRT operieren vor allem die Werbeagenturen der großen Passagierschiffe. Entscheidend für den Reeder ist eine andere Tonne, die Netto-Register-Tonne (NRT). Denn danach zahlt er in den Häfen und Kanälen die Gebühren. Sie bezeichnet sozusagen den verdienenden Raum des Schiffes gleichfalls im 2,83-Kubikmeter-Maß. Zum Netto-Raum zählen nicht: die Unterkünfte der Besatzung, die Navigationsräume auf der Brücke, die Vorratsräume, der Kettenkasten, die Wasserballasttanks und der Maschinenraum. So könnte man meinen, die NRT-Zahl gäbe im wesentlichen die Größe der Laderäume und der Passagierräumlichkeiten wieder. Aber auch das stimmt nur sehr bedingt. Denn beim Netto hatte Mr. Moorsom gleichfalls seine Hand im Spiel. Er wollte, daß die damals noch sehr jungen Dampfer, die für die Maschine und vor allem für die vielen Bunkerkohlen etliches von ihrem Laderaum hergeben mußten, gegenüber den Seglern nicht benachteiligt waren. Und so gilt noch heute, mehr als hundert Jahre später, seine Regel: ist der Raum, der von der Maschine und den Kesseln eingenommen wird, größer als 13 Prozent des Brutto-Raumes, dann dürfen bei der Berechnung des Netto-Raumes 32 Prozent als Maschinen- und Bunker-Raum abgerechnet werden. Obwohl die Ölbunker der jetzigen Schiffe nur noch ein Minimum des Raumes einnehmen, den damals die Kohlenbunker benötigten, obwohl die Segler ausgestorben sind – Mister Moorsoms Regel steht. Und die Reeder bestellen nach wie vor Schiffe mit der Anordnung: »Der Maschinenraum ist so zu bemessen, daß er mindestens 13 Prozent der Brutto-Tonnage beträgt, damit der höchste Abzug für die Netto-Tonnage erreicht wird«. Den Vorteil davon haben außer den Eignern auch die Ingenieure. Sie danken es Mr. Moorsom, daß sie so große, übersichtliche Maschinenräume haben. Von der Technik her gesehen, könnten sie meistens sehr wohl mit kleineren auskommen. Die Vermessungsvorschriften jedoch sind dagegen.

Übrigens – auch mit dem Brutto-Raum stimmt es nicht immer. Es gibt da zum Beispiel, wenn man gewisse Vorschriften beachtet, die Möglichkeit, den ganzen Inhalt des oberen Deckraumes zu unterschlagen. Dieser muß nur bestimmte Öffnungen haben, dann gilt er gleich als vollkommen offen und als nicht vorhanden. Ein solches Schiff ist ein »Schutzdecker«. Das Jonglieren mit offenen und geschlossenen Räumen kann nicht nur Geld sparen, sondern auch Prestige bringen. So haben die Franzosen es vor dem zweiten Weltkrieg geschafft, ein paar Jahre länger, als man es eigentlich erwarten durfte, das größte Schiff der Welt zu besitzen. Ursprünglich war ihre »Normandie« mit 79280 BRT vermessen; dann kam die »Queen Mary« der Engländer und stand mit 81250 BRT zu Buch; da sagten die französischen Schiffsvermesser Akakadabra, und schon hatten sie die »Normandie« auf 82799 BRT, ohne dem Riesen auch nur das geringste Deckshaus aufgesetzt zu haben. Erst als die »Queen Elisabeth« mit ihren 83673 BRT kam, mußten sie sich endgültig geschlagen geben.

Soviel – in aller Kürze und Einfachheit – vom Rauminhalt der Schiffe. Das Thema ist damit noch nicht beendet. Am wichtigsten für den Reeder ist schließlich die Frage: »Wieviel kann mein Dampfer schleppen?« Auch hier is dat allns verschieden, wie man im Niederdeutschen sagt. Zwar handelt es sich, wenn man von der Tragfähigkeit spricht, stets um das Gewicht der Ladung, doch wird es mit mindestens zweierlei Maß gemessen. Steht da ganz schlicht ein kleines »t« hinter der Zahl, dann ist es die metrische Tonne zu 1000 Kilo; liest man jedoch »tdw«, dann heißt das tons deadweight, und dann ist die englische »long ton« zu 1016 Kilo gemeint – im allgemeinen jedenfalls; denn die Briten kennen auch noch die »short ton«, und die hat nur 907 Kilo.

Ein kleines »dpl« hinter der Tonnenangabe schließlich bedeutet: Deplacement oder Wasserverdrängung in metrischen Tonnen. Zu gut deutsch: das Gewicht des ausgerüsteten Schiffes. Immerhin war es vor 2300 Jahren schon Archimedes kein Geheimnis, daß ein schwimmender Körper genau so viel wiegt wie die von ihm verdrängte Wassermenge. Allerdings muß hier eingeschränkt werden: Salzwasser ist damit nicht gemeint, denn es trägt besser als Süßwasser. Nach Gewicht werden die Kriegsschiffe gemessen. Die Deplacements-Tonne ist, man staune, verbindlich für alle Kreuzer, Schlachtschiffe, U-Boote, Flugzeugträger, Zerstörer und sonstigen Orlog-Fahrzeuge der Welt. Wobei es anzumerken gilt, daß man auch hier von einer maximalen und einer Standard-Verdrängung spricht und daß die amtlichen Flottenlisten zuweilen ein wenig untertreiben.

Doch kehren wir zu unserem Bild zurück! Neben der Gangway ist an der Bordwand noch eine Zeichnung sichtbar. Das ist die Freibordmarke. Sie zeigt an, wie tief ein Schiff beladen werden darf. »GL« heißt Germanischer Lloyd; das ist die deutsche Klassifikations-Gesellschaft, sozusagen die Baupolizei für die Schiffahrt. »S« bedeutet: so weit darf ein Schiff im Sommer (wenn das Wetter im allgemeinen schöner ist) beladen werden; »W« bezeichnet die Grenzlinie für den Winter, die Schlechtwetterzeit; und »FW« heißt Frischwasser – ein

Schiff, das in Süßwasser, in der Ostsee etwa oder auf den Großen Seen, bis zu dieser Marke beladen worden ist, hebt sich im besser tragenden Salzwasser des Atlantiks dann von selbst bis zur Sommer-Freibordmarke heraus.
Übrigens, der Janmaat, der da wie verloren auf der unteren Plattform der Gangway steht, wartet auf den Jollenführer, auf die kleine Fähre, die den Dienst zwischen den Landungsbrücken und den im Strom an den Pfählen liegenden Schiffen versieht; mit der blau-weiß-gewürfelten Flagge ruft man sie am Tage, mit einem weißen unter einem roten Licht winkt man sie in der Nacht heran. Den jungen Mann werden die BRT und NRT, die tdw und dpl-t und auch die Spitz- und Spierentonnen, die Leuchttonnen und Wracktonnen, die das Fahrwasser markieren, im Augenblick herzlich wenig interessieren. Ihm ist in den nächsten Stunden wahrscheinlich jene Tonne die liebste, die ein kühles helles Bier enthält.

30: Der Uhrturm

31: An einem Sommer-Sonnen-Tag

32: Der Hafen-Balkon

Auf einen Nenner gebracht, heißen diese drei Überschriften: St.-Pauli-Landungsbrücken. Schon vor mehr als hundert Jahren fuhr dort der Dampfer nach Helgoland ab, und wenn auch die Schiffe anders aussehen, wenn es an Land jetzt Autos, Straßenbahnen und U-Bahn gibt und in unmittelbarer Nähe den Elbtunnel, im Prinzip hat sich doch nichts geändert. Denn so beschrieb Carl Reinhardt das Treiben dort schon im Jahre 1855: »Die Brücke, deren äußerer Theil aus drei flachen Fahrzeugen besteht, die sich mit der Ebbe und Fluth heben und senken, ist mit Menschen, Koffern, Kisten, Körben und Karren vollgestopft ... Nachdem der erste Blick jener Gegend zugerichtet war, wo wir das Meer vermuthen, fällt er unwillkürlich wieder in die nächste lebendige Umgebung, auf die Brücke selbst mit ihrem alten malerischen Pfahlwerk, den darüber hervorragenden baumreichen Stintfang, dem der Michaelsthurm wie neugierig über die Schulter sieht, rückwärts den Hafen mit seinem undurchdringlichen Mastenwald, an dem die Flaggen aller Nationen wehen. Zu unseren Füßen schwimmen hunderte von Jollen und Ewern, welche die Producte aller Erdtheile von und nach den Schiffen führen, und auf die Brücke stürzt sich wieder ein Schwarm von Passagieren, um mit seinem Gepäck die Verwirrung auf den Gipfelpunkt zu treiben. Plötzlich ertönt die Schiffsglocke so schrecklich in die Ohren ...«
Das könnte beinahe auch heute noch geschrieben sein, und so sei nur vermerkt, daß die ersten St.-Pauli-Landungsbrücken bereits 1840 gebaut wurden, daß man sie um die Jahrhundertwende von Grund auf erneuerte und daß sie ihre heutige Form nach dem zweiten Weltkrieg erhielten. Rund siebenhundert Meter mißt die gesamte schwimmende Landeanlage für die Fährschiffe und die Seebäderschiffe, die Barkassen und Hafenrundfahrt-Schiffe. Fünf ihrer sechs aus Stahlbeton gebauten Pontons sind 118 Meter lang, 18 Meter breit und gehen 2,15 Meter tief; sie sind durch Schotten in jeweils 44 Zellen unterteilt und gehen deshalb nach einer Kollision nicht unter. Jeder Ponton hat das beträchtliche Gewicht von etwa 4500 Tonnen; lediglich der sechste am östlichen Ende ist etwas kleiner.
Bewegliche Brücken führen zu den Pontons hinunter. Die bevorzugte ist jene beim Uhrturm. Pegelturm müßte er eigentlich heißen. Denn für die Schiffahrt hat er der schwarzen und vor allem der roten Zahlen wegen, die hinter einem großen Fenster erscheinen, seine besondere Bedeutung. Diese Zahlen künden den Wasserstand. Schwarze Ziffern bedeuten: Höhe in Dezimetern über dem mittleren Tide-Niedrigwasser; wenn rote Ziffern kommen, heißt das: der Wasserstand ist unter das mittlere Niedrigwasser gefallen; einen solchen Stand gibt es gelegentlich bei einem anhaltenden Ostwind, der mehr Wasser, als es gewöhnlich der Ebbstrom tut, aus der Elbe hinausdrückt.
Man nennt die St.-Pauli-Landungsbrücken auch den Hafenbahnhof. Deshalb wohl, weil ihre Pontons für Ungezählte, die in den Hafen fahren, die aus dem Hafen, aus den Nordseebädern, von Finkenwerder, Harburg oder Waltershof kommen, der Bahnsteig sind. Jedoch – wo gibt's auf einem Bahnhof eine Promenade mit Balkon, vor der in frischem Wind die ganze weite Welt vorbeizieht? Die Bahnhöfe der Stadt zu besichtigen, das kann man sich wahrlich ersparen. Aber ein Hamburg-Besucher, der nicht auf den St.-Pauli-Landungsbrücken gestanden hat, der ist einfach nicht in dieser Stadt gewesen. Die Landungsbrücken ein Bahnhof? Allenfalls Quiddjes können einen solchen Vergleich erfunden haben.

33: Alte Kiefern

»Der Schiffe Mastenwald«, das war früher, zur Blütezeit der großen Segler das geflügelte Wort in Hamburg. Kaum eine Postkarte vom Hafen, die es damals nicht hinausposaunte! Dabei war dieser Wald von Masten und Rahen nur eine Kleinigkeit, gemessen an dem Riesenwald von Baumstämmen, der im Hafen verbaut worden ist. Man darf es wirklich so sagen; denn das, was man sieht, die hölzernen Pfähle und Dückdalben, sind der geringste Teil davon.
Schon – heute rammt man, um die Kaimauern vor dem Erddruck zu schützen, Stahl- und Stahlbetonpfähle tief in den Boden und legt eine Betonplatte darüber; auch bestehen die neuen Dückdalben, jene Pfahlgruppen, an denen die Schiffe »im Strom« (mitten in den Hafenbecken) festmachen, aus stählernen Röhren. Trotzdem: ein großer Teil des Hafens ist ein Pfahldorf. Denn er ist in sumpfiges Wiesengelände hineingebaggert und hineingebaut worden. So steht die gesamte Speicherstadt auf einer Unmenge von Holzpfählen; man hat diese nach dem Krieg, als man die zerstörten Gebäude wieder aufbaute, nicht einmal ersetzen müssen, so gut waren sie erhalten. Die Hauptsache nämlich ist, daß sie stets unter Wasser bleiben; dann sind sie so dauerhaft wie Stahl und faulen nicht.
Auf Pfählen ruhen auch alle anderen schweren Gebäude im Hafen, und auf Pfahlrosten baute man früher die massiven Kaimauern. Es gibt alte Ziegel-Kaimauern, die im unteren Teil zehn bis elf Meter breit sind! Allein durch ihr Gewicht halten sie dem Schub der hinter ihnen liegenden Erdmassen und dem Zug der an den Festmacheleinen zerrenden Schiffe stand. Man nennt sie deshalb auch Schwergewichtsmauern.
Eine unendlich große Menge von gerade gewachsenen und vielfach mehr als 20 Meter langen Stämmen hat seit alten Zeiten außerdem für die Dückdalben geschlagen werden müssen. Aus neun bis fünfundzwanzig (!) Pfählen bestehen die meisten. Nach Möglichkeit nahm man Kiefern dafür, denn kein Holz ist zugleich so fest und so elastisch wie dieses. Für den eigenartigen Namen der Pfahlbündel hat man eine ebenso eigenartige Erklärung: der Herzog von Alba (Duc d'Alba) soll sie erfunden oder eingeführt haben, und aus dem Niederländischen sei der Ausdruck zu uns gekommen. Andere jedoch meinen, daß er eher etwas mit dem plattdeutschen dükern (tauchen) und Dollen (Pflock, Pfahl) zu tun hat und daß allenfalls die Klangähnlichkeit der beiden Namen zu der einstmaligen Schreibweise Duc Dalben geführt haben kann.
Die Pfähle nun, die unser Bild zeigt, sind keine Dückdalben. Sie stehen an einer Landeanlage für die Hafenfähren. Zwischen ihnen sind die Pontons verankert, die sich mit Ebbe und Flut heben und senken. Denn in einem offenen Tidehafen muß alles beweglich sein, muß alles schwimmen.
Und der Verfasser muß, er kann's nicht lassen, noch einmal

auf die hamburgischen Pfahlbauten zurückkommen. Nicht nur im Hafen, das möchte er erwähnen, hat man so manches auf Pfählen errichtet. In einem nicht geringen Teil der Innenstadt ist es genauso. Auch dort stehen viele Gebäude, darunter das Rathaus, auf dicht an dicht gerammten Baumstämmen oder (neuerdings) Stahlbetonpfählen – weil eben ein Teil des Untergrundes einstmals tiefgelegene Marsch und stellenweise sogar vom Wasser der Alster überflutet war. Daß man den Niveauunterschied gegen die Geestzunge, der, wie die Grabungen der Archäologen beweisen, früher sehr deutlich sichtbar gewesen sein muß, heute nicht mehr ohne weiteres erkennt, hat seinen Grund darin: die Hanseaten haben sich auf ihrem Abfall und Bauschutt im Laufe der Jahrhunderte langsam hochgebaut, um fünf, sechs, sieben Meter. Jene Ur-Ur-Hamburger, die noch Ackerbürger waren, machten den Anfang nicht zuletzt mit dem Dung aus ihren Ställen. Wer da nun sagen möchte, also sei Hamburg auf Mist gebaut, der darf es ruhig tun. Denn es ist die pure Wahrheit. Und im übrigen befindet die Hansestadt sich in dieser Hinsicht in vielfältiger und guter Gesellschaft. Es ist nämlich in anderen Orten nicht anders gewesen.

34: Jeden Abend Illumination

Weiße Topplaternen, rote und grüne Positionslichter, funkensprühendes kaltblaues Gleißen der Schneidbrenner und Schweißgeräte, durch die Luft geisternde Scheinwerfer der Kranausleger, breit fallende Helligkeit auf allen Kais und gebündelte Strahlen an Bord der Schiffe, vielleicht ein milchig-dunstiger Mondschein und zitternde Reflexe auf dem ewig-kabbeligen Wasser, ab und zu sogar, wenn einmal nicht Hamburger Wetter herrscht, das Gefunkel der Sterne – das ist der Hafen bei Nacht.
In ein Licht ganz besonderer Art taucht er sich, wenn Nebel über dem Wasser hängt und um alle Konturen kriecht; dann scheint es, als ob die Helligkeit mit einer Riesensprühdose ausgebreitet wird, dann ist da Licht und Undurchdringlichkeit zugleich, ein Spectaculum scheinbarer Unwirklichkeit. Die Krone seines nächtlichen Glanzes jedoch entzündet der Hafen allabendlich an seiner Peripherie, dort, wo die Erdölraffinerien ihren stählernen Turmgebilden tausend weithin strahlende Kerzen aufstecken.
Das ist ein Bild, das man gesehen haben muß wie die Landungsbrücken, den Elbtunnel und die langen Reihen der löschenden Schiffe. Daß man, irgendwo an der Elbchaussee auf dem hohen Ufer stehend, dann nicht den falschen Eindruck von sogenannter Romantik mit nach Hause nimmt, dafür ist trotz allem gesorgt. Denn der Lärm, der von unten heraufdringt, der Lärm aus dem großen Arbeitsplatz Hafen, der ist auch nachts stets gegenwärtig.

35: Leuchtfeuer Wittenbergen

Die gesamte Alster haben die Hamburger sich zu Beginn des 14. Jahrhunderts von den holsteinischen Grafen in drei Raten gekauft, wie Heinrich Reincke berichtet, für 1050 Mark Lübisch oder den Gegenwert von 1050 Qualitätsschweinen. Sie erwarben damit zwar kein Staatseigentum im heutigen Sinne, aber praktisch doch das gleiche: die Oberhoheit über den Fluß. Allein die Hamburger hatten nun zu sagen, wie sein Wasser genutzt werden sollte, konnten Schleusen und Mühlenwehre bauen, hatten über die Schiffahrt und den Fischfang zu bestimmen, besaßen dort Polizeigewalt und Gerichtsbarkeit. Das Eigentum an den Uferstrecken und das Recht, den Fluß zu nutzen, das war nach mittelalterlicher Auffassung eben zweierlei. Auch heute noch gibt es solche Regelungen. Die Elbe zum Beispiel wurde 1921 zur Reichswasserstraße und nach 1945 zur Bundeswasserstraße erhoben; allein die deutsche Regierung ist für sie zuständig, und es gibt nur eine Ausnahme: im Bereich des hamburgischen Hafens hat der Bund seine Oberhoheit auf das Bundesland Hamburg delegiert.
A propos Elbe! Für sie haben die Hamburger keinen Kaufpreis entrichtet. Denn am 7. Mai 1189 hat Kaiser Friedrich II. (Barbarossa) ihnen den berühmten Freibrief verliehen, in dem den Kaufleuten und Schiffern Zollfreiheit bis zur Nordsee zugesichert wurde. Die Hanseaten feiern diesen für die Entwicklung ihrer Handelsstadt entscheidenden Tag heute als Geburtstag ihres Hafens und als »Überseetag«. Praktisch nämlich wurde ihnen mit der Zollfreiheit die Oberhoheit über die Unterelbe übertragen. Erst 1920 haben sie diese abgetreten. Die Hamburger haben sich die kostenlose Übereignung der Hoheit auf dem Elbstrom allerdings, wenn auch aus wohlverstandenem eigenen Interesse heraus, mehr als sieben Jahrhunderte lang hübsche Summen kosten lassen. Nicht nur waren die neidischen Fürsten in der Nachbarschaft immer wieder mit Geld zu beruhigen und zufriedenzustellen; nicht nur hatte man gegen die Seeräuber zu Felde zu ziehen; man mußte auch auf andere Weise für die Sicherheit der Schiffahrt sorgen.
Zwischen 1300 und 1310 entstand am Zufluchtshafen von Neuwerk der berühmte Wehrturm, der heute Leuchtturm ist; 1393 erwarb man in einer Fehde das Amt Ritzebüttel an der Elbmündung (Cuxhaven); um 1450 bereits wurden Fahrwassertonnen ausgelegt und Baken errichtet; 1575 bestallte Hamburg Lotsen auf der Insel Neuwerk; ab 1644 wurden auf Neuwerk, ab 1673 auf Helgoland sogenannte Feuerblüsen, auf hohem Gestell brennende offene Kohlenfeuer, als Leuchtfeuer unterhalten; 1803 errichteten die Hanseaten den Leuchtturm von Cuxhaven; 1816 verankerten sie in der Außenelbe die »Nordstern« als erstes Feuerschiff; 1833 gaben sie den ersten Bagger in Auftrag; 1874 war der erste Eisbrecher im Einsatz. In den letzten hundert Jahren haben sie das Fahrwasser, das um 1850 nur etwa 3,50 Meter tief war und die Schiffahrt immer wieder aufhielt, mit Hilfe von Baggern und Stromleitwerken allmählich auf eine Tiefe von durchgehend zehn Meter bei Niedrigwasser gebracht; der Bund, der laut Staatsvertrag von 1921 heute für die Arbeiten auf der Unterelbe zuständig ist, vertiefte es von 1958 bis 1961 auf elf Meter. Es war sehr notwendig. Denn Hamburg muß, wenn es ein universaler Welthafen bleiben will, dafür sorgen, daß auch Schiffe, die mit einer Ladung von 40000 oder 50000 Tonnen kommen, die Elbe ohne Schwierigkeit befahren können.
Eine Vielzahl von Seezeichen weist der Schiffahrt heute den Weg. Etwa 240 Tonnen liegen aus, 114 davon – 51 rote auf der Nordseite, 63 schwarze auf der Südseite – bezeichnen das Hauptfahrwasser; 25 von ihnen sind Leuchttonnen. In der Außenelbe sind drei Feuerschiffe stationiert. Wie diese besitzen auch die Leuchttürme von Neuwerk und Cuxhaven lichtstarke Seefeuer. Außerdem stehen an der Unterelbe 28 Leuchttürme als Ober- und Unterfeuer für 15 Richtfeuerlinien sowie weitere 14 Feuer als Leit- und Quermarkenfeuer. Sie dienen der Navigation auf dem Fluß, der Fahrt auf dem »Revier« (was abgeleitet ist vom englischen Wort river).
Das Bild zeigt das Unterfeuer von Wittenbergen. Ein Schiff fährt auf der Strecke Finkenwerder–Falkenstein dann mitten im Fahrwasser, wenn das Lichtzeichen dieses Feuers und das seines Oberfeuers, das etwas zurück bei Tinsdahl auf dem hohen Ufer errichtet ist, senkrecht übereinander stehen; das Schiff muß seinen Kurs ändern (dem Verlauf des Stromes anpassen), wenn voraus das nächste Leitfeuer das gleiche Bild ergibt; in diesem Fall: wenn das Ober- und Unterfeuer von Grünendeich an der Mündung der Lühe (gegenüber von Wedel) als senkrecht übereinanderstehende Lichtzeichen erscheinen, wenn jene Feuer »in Linie« sind.

36: Früh übt sich ...

Ein Segelkutter, das ist gewiß nicht die Schönheit der Segelei in der Potenz. Klobig wirken seine Planken, hoch ragt er aus dem Wasser, wenig schnittig sind Bug und Heck, und die Segel – du meine Güte! –, sie sehen aus wie selbstgestrickt und können beim besten Willen nicht mit dem weißen Tuch am superlangen Mast der Jachten konkurrieren. Aber ein solcher Kutter, der, genau genommen, ein Ruderrettungsboot unter Segel ist, hat manches, dessen sich die tip-top-gewienerten Jachten nicht rühmen können.
Er hat zum Beispiel ziemlich viel Platz für eine gar nicht so kleine junge Mannschaft; er hat den Vorteil, daß an Bord alles einfach ist, handig und leicht zu begreifen; er hat den noch größeren Vorzug, daß er, bevor die Segelei überhaupt losgehen kann, erst einmal aufgetakelt werden muß, daß seine Masten einzusetzen und zu verstagen und die Fallen und Schoten der Segel durch die Blöcke zu scheren sind; zudem muß man auf einem Kutter nicht in jeder Sekunde befürchten, kostbarem Lack einen Kratzer anzutun – mit einem Wort: im Segelkutter ist man der christlichen Seefahrt, ihrer Praxis und dem Wind und Wetter, mit dem sich der Seemann auch auf dem modernsten und größten Schiff zeit seines Lebens herumzuschlagen hat, selbst auf der Elbe erstaunlich nahe. Und wer einmal im nächtlichen Gewittersturm in einem Kutter dahingebraust ist, je zwei Mann an den Schoten und alle Mann so weit wie möglich in Luv nach außenbords, der vergißt eine solche Fahrt nicht nur nicht, der erfährt auch, wie seetüchtig diese hochbordigen Fahrzeuge sind.
Deshalb wird die Kuttersegelei nicht nur auf den Seemannsschulen gepflegt, in denen die künftigen Schiffsjungen eine Vorausbildung von drei Monaten erhalten, sondern auch in den hamburgischen Seglervereinen. Es hieße Wasser in die Elbe schütten, wollte man des langen und breiten erzählen, daß die Segelei in Hamburg in großem Schwange ist. Ein Blick auf Alster und Elbe genügt, besonders am Sonntag. Mehr als 1300 Segelboote und Jachten mit dem Heimathafen Hamburg kreuzen im Sommer allein auf der Elbe. Das heißt, neuerdings muß es Heimathafen Schulau heißen. Denn jüngst ist dort, knapp außerhalb der hamburgischen Landesgrenzen, der neue Jachthafen der Stadt entstanden. Der alte auf Waltershof mußte einem weiteren Tankschiffhafen weichen.
Für den neuen Seglerhafen, der an schwimmenden Anlagen von drei Kilometer Länge Platz für rund 1250 Fahrzeuge aller Größen bietet, hat der Staat immerhin mehr als fünf Millionen Mark ausgegeben. Woran man erkennt, wieviel die Hanseaten von der Segelei halten.

37–39: Aus aller Herren Ländern

Zwanzigtausend – in Ziffern: 20000 – Seeschiffe kommen im Jahr elbauf nach Hamburg. Mit ihnen kommen, ganz rund gerechnet, eine halbe Million Seeleute. Janmaaten aus aller Herren Ländern gehen in Hambourg, Amburgo, Hamburgo, Hamburski, Hamburk oder Hampurista (wie die Franzosen, die Italiener, die Spanier und Portugiesen, die Polen, die Tschechen, die Finnen den Hafen an der Elbe nennen) an Land, um sich die Seebeine zu vertreten.
Damit kein falscher Eindruck entsteht: etliche kommen natürlich auch ganz schlicht nach Hamburg. Dazu gehören unter anderem die Holländer, die Schweden, die Norweger, die Engländer und die Araber. Nur – daß die Araber das »g« am Ende besonders betonen und daß die Engländer und Amerikaner uns jedesmal an ihre ham and eggs erinnern; breiter als »Hämbörch« geht's nimmer. Doch machen schließlich die Dänen, die früher mit den Hanseaten, ihren nächsten Nachbarn, so viel zu bereden gehabt haben (wegen der so nahen Altonaer Konkurrenz, wegen Glückstadt, wegen des Elbezolls und ähnlicher kleiner Streitereien und überhaupt wegen des hamburgischen Geldes), alles wieder gut; denn sie sagen es so vertraut wie Addi Münster: Hamborg – genau wie »Hamborg, hol di stief!«
Die Seeleute auf unseren drei Bildern stammen aus Japan, aus dem jungen afrikanischen Land Nigeria und aus d e r Schiffahrtsnation der Welt, aus England. Doch kommen Matrosen aus mehr als vier Dutzend Nationen. Entsprechend groß ist die Zahl der Schallplatten mit den Nationalhymnen, die man am Willkommhöft bei Wedel-Schulau, dort, wo jedes Schiff über Lautsprecher und mit einem Flaggendippen begrüßt und verabschiedet wird, vorrätig hat.
Gut vier Dutzend Nationalflaggen, das bedeutet: Schiffe aus praktisch allen seefahrttreibenden Ländern sind im Hafen anzutreffen. An der Spitze stehen die unter deutscher Flagge fahrenden; berechnet nach der Tonnage ergibt sich für sie ein Anteil von 28 Prozent. Es folgen (in Klammern die Prozentzahlen): englische (13,5), norwegische (13,0), niederländische (12,0), schwedische (5,1), französische (5,0), dänische (4,1), liberianische (2,1), us-amerikanische (2,0), belgische (1,5), japanische (1,5) Schiffe ...
Nichts zeigt besser als diese Zahlen, wie sehr Hamburg ein internationaler Hafen ist. Und immer noch neue Flaggen kommen hinzu, weil jene Staaten, die erst in jüngster Zeit selbständig geworden sind, vielfach sehr bald beginnen, eine eigene Handelsflotte aufzubauen.
Daß die Deutschen mit 28 Prozent der Tonnage klar vorn liegen, ist nur natürlich. Denn Deutschlands größter Hafen ist zugleich der Heimathafen für fast 60 Prozent unserer Handelsflotte. Hier sind registriert: gut 1000 Trockenfrachter mit 2,0 Millionen BRT (Brutto-Register-Tonnen), 90 Tanker mit 650000 BRT, 60 Kühlschiffe mit 165000 BRT, ein Überseepassagierschiff mit 30000 BRT und zahlreiche sonstige Fahrzeuge mit etwa 70000 BRT.
Legt man bei der sogenannten Flaggen-Statistik die Zahl der Schiffe und nicht deren Tonnage zugrunde, dann verschiebt sich das Bild ganz erheblich. Dann stehen im Hafen Hamburg rund 12000 Schiffe mit den schwarz-rot-goldenen Farben am Heck gegen 8000 Schiffe aus dem Ausland. Die Erklärung dafür ist einfach: aus den fremden Nationen kommen vorwiegend große Überseefrachter, deren Tonnage gewaltig zu Buch schlägt; unter den deutschen Schiffen dagegen befinden sich auch die vielen Küstenfrachter, die den Umschlagsplatz an der Elbe mit den zahlreichen kleinen Häfen an den Küsten von Nord- und Ostsee verbinden.

40–42: Musikdampfer: Caronia, Bergensfjord, Gripsholm

Die Überseebrücke, schwimmender Anlegeplatz für große Passagierschiffe quasi mitten in der City, war bis zum zweiten Weltkrieg eigentlich niemals ohne Betrieb. Damals, als man allein mit dem Schiff nach Südamerika reisen konnte, war sie der Stammplatz der »Montes« und der »Caps« der Hamburg-Südamerikanischen Dampfschiffahrts-Gesellschaft Eggert & Amsinck, wie die Hamburg-Süd in voller Länge heißt. Nachgerade berühmt ist das Bild, das die an der Brücke liegenden schwarzen Schiffe mit den weißen Aufbauten und den weißroten »Zigaretten«-Schornsteinen zeigt.
Heute lohnt es nicht mehr, ausgesprochene Passagierschiffe für die Südamerikafahrt zu bauen; die schnelle Flugzeug-Konkurrenz hat stopp gesagt. Heute hat die Überseebrücke deshalb nur noch von Zeit zu Zeit Besuch. Kriegsschiffe fremder Nationen machen an ihrem Ponton fest, wenn den »Lords« nach einem langen eintönigen Seetörn mal ein paar kurzweilige Tage gegönnt werden sollen. Außerdem kommen die Musikdampfer, die sich auf Kreuzfahrt befinden. So hat denn die Überseebrücke ihre Saison jetzt in den Monaten Juli und August, wenn vor allem die Amerikaner zu ihrem Vergnügen in Richtung Nordkap fahren.

Fast schon Stammgäste an der Überseebrücke sind die drei Musikdampfer auf unserem Bild: die lichtgrüne britische »Caronia« (34000 BRT) mit dem rot-schwarzen Schornstein, die hellgraue »Bergensfjord« (19000 BRT) aus Norwegen und die vom Bug bis zum Heck blendendweiße »Gripsholm« (23000 BRT) aus Schweden, deren einziger Farbtupfer der hellgelbe Schornstein mit den drei goldenen Kronen auf blauem Grund ist.
Übrigens: ob die großen Passagierschiffe von den Janmaaten vor vielen Jahrzehnten deshalb »Musikdampfer« getauft worden sind, weil sie mit schmetternden Weisen begrüßt und verabschiedet wurden (und werden) oder aber, weil sie eigens eine Kapelle an Bord hatten (und trotz aller Mechanisierung der Musik auch heute noch haben) – das weiß der Verfasser nicht zu sagen. Im Zweifelsfalle: beides. Fest steht auf jeden Fall, daß ein deutscher Musikdampfer nicht auf die Reise geht, ohne das schwäbische »Muß i denn, muß i denn ...«. Und sicher ist auch, daß die Vergnügungsreisen nach See, heute »Cruises« genannt, eine hamburgische Erfindung sind. Der Mann, der sie sich ausgedacht hat, um seine ziemlich aufwendigen Schiffe auch in flauen Zeiten gewinnbringend zu beschäftigen, heißt natürlich Albert Ballin. Er, der die Hamburg-Amerika-Linie um die Jahrhundertwende zur größten Reederei der Erde machte, ließ sich vom allgemeinen Kopfschütteln seiner Mitbürger nicht irritieren und schickte seine »Auguste Victoria« (8500 BRT) im Januar 1891 – mitten im Winter also – ins Mittelmeer auf die erste Vergnügungsreise aller Zeiten. Und Ballin behielt recht. Schon 1900 ließ er die »Prinzessin Victoria Luise« speziell nur für Erholungsreisen bauen. Sie war das erste Weltreiseschiff der Welt.

43: Passagiere gehen an Land

»Well«, sagte der Doktor, die hellgrüne Farbe halte in den Tropen besser kühl als das traditionelle Schwarz, das die anderen Schiffe der Reederei, auch die beiden größten, die »Queens«, tragen. »Und außerdem sind wir eben das cruise ship von Cunard. Jedermann in der Welt, der dieses Grün einmal gesehen hat, weiß Bescheid: aha, die ‚Caronia'«.
Cruises, Vergnügungsfahrten, meinte der Doktor – das Gespräch fand an Bord der britischen »Caronia« (34000 BRT) statt –, würden immer noch beliebter werden. Er mußte es wissen, denn er machte nicht seine erste Reise. »Vor allem bei den älteren Leuten«, sagte er. »Wir haben Passagiere, die sind schon zum dritten Male mit der ‚Caronia' auf Nordlandreise. Zu 90 Prozent Amerikaner«, fügte er hinzu.
Natürlich sprachen wir auch über den Preis, den man für eine solche Reise von 45 Tagen, die zu etwa zwei Dutzend Häfen in einem Dutzend Ländern führt, zu zahlen hat: »Zwischen 30 und 120 Dollar pro Tag. Aber das sind die Extreme. Im Durchschnitt 50 bis 60 Dollar (200 bis 250 Mark). Wenn Sie rechnen, daß Sie in einem Hotel in Florida auch 30 bis 50 Doller fürs nackte Zimmer, ohne Verpflegung, zahlen müssen ...« – »Gibt's auf solcher Reise denn auch Getränke inklusive?« – »Oh, sorry, denken Sie, die Reederei will pleite gehen?«
Natürlich unterhielten wir uns über sein Schiff. Als dabei die Rede auf den »night club« kam, den Raum, in dem wir saßen, da fragte der Doktor ganz unvermittelt: »In Hamburg gibt's doch auch viele night clubs, nicht wahr? On the Reeperbahn«, und er sprach den Namen aus, als werde er mit drei ä geschrieben. »Die ganze Mannschaft sprach nur noch von Hamburg in den letzten Tagen. Ich denke, das wird ein Erfolg. Große Städte – das wollen die Fahrgäste. Vor allem, um einkaufen zu können. Einige fliegen auch nach Berlin, andere fahren nach Lübeck ...«
Dann erkundigte er sich nach den Hamburger beer gardens. »Ja, Bierlokale haben wir natürlich auch, und im übrigen können Sie in so gut wie jedem Lokal Bier bestellen.« – »Wirklich?« fragte er zurück und ergänzte in bedauerndem Tonfall: »Wirklich? Aber im Alsterpavillon tranken doch alle Gäste Kaffee, und da habe ich denn einen Tee bestellt. Schade ...«
Ich konnte ihn jedoch beruhigen: die »Caronia« werde wohl nicht zum letzten Male in Hamburg gewesen sein. Das meinte er denn auch und zeigte mir einen Werbe-Prospekt der Cunard Lines. Hamburg, »one of the most popular Cities«, stand da zu lesen.

44: Nimm mich mit, Kapitän ...

Diese Bildunterschrift ist falsch. Sollte nämlich jene junge Dame mit dem wippenden Röckchen tatsächlich bitten: »Nimm mich mit, Kapitän, auf die Reise, nimm mich mit in die weite, weite Welt!« – dann muß der »Herr Kapitän« der Hafen-Dampfschiffahrt wahrheitsgemäß antworten: »Nee, min Lütten, geiht nich. Wi fohrt bloots na Finkwarder«.
So jedenfalls müßte er es eigentlich sagen. Wahrscheinlich jedoch wird er, um den feinen Faden, der da gerade gesponnen wird, nicht schon im nächsten Augenblick wieder abreißen zu lassen, lieber ein kleines Garn abspulen. Und drum, darum ist die Unterschrift tatsächlich doch nicht falsch!

45–46: Kräne

Zugegeben, Kräne sind in diesem Buch genug im Bild. Was soll man jedoch machen? Wohin man im Hafen blickt, wohin man die Kamera richtet: Kräne, Kräne, Kräne ... Genau sind es – waren es jedenfalls Mitte 1961: 952 Kaikräne, die neunzehn schwimmenden und die fünf landfesten Schwerlastkräne nicht gezählt. Just auf diese Kräne ist man in Hamburg besonders stolz. Weil ihre Zahl einen absoluten Hafenweltrekord darstellt. Und weil vor allem diese Unmenge von Kaikränen die These vom »schnellen Hafen Hamburg« stützt. Denn mit Kränen werden die Schiffe schneller leer und wieder voll als mit dem Bordgeschirr.
Die Generalbezeichnung für die moderen Kaikräne lautet: Vollportal-Dreh-Wippkran. Wippkran, weil der Ausleger beweglich ist und eine Reichweite bis zu 25 Meter hat; Vollportal, weil der Kran auf drei oder vier Beinen steht und weil deshalb Eisenbahnwaggons unter ihm hindurchrollen können. Diese Kräne heben bis zu drei Tonnen schwere Lasten; sie heben sie mit größerer Geschwindigkeit als die Ladebäume der Schiffe; das ist ihr erster Vorteil. Der zweite besteht darin, daß sie auf Schienen laufen; man vermag sie so dicht aneinanderzufahren, daß drei von ihnen auf eine Luke arbeiten können. Der dritte ist ihre große Reichweite und der vierte die gute Sicht, die sie dem Kranführer bieten. Das alles zusammen garantiert die schnelle Arbeit.
Die Vollportalkräne, wie man sie in verschiedenen Typen sieht, sind gewissermaßen eine hamburgische Erfindung aus der Nachkriegszeit. Wer sich ein wenig auskennt in den Dingen, der wundert sich allerdings nicht darüber, daß gerade die Hamburger – Hafenbauer und deutsche Firmen in Gemeinschaft – immer wieder Neuerungen zur Kranbautechnik beigesteuert haben. Schließlich hat am 7. Dezember 1891 der erste elektrisch angetriebene Kran der Welt am Petersenkai in Hamburg Premiere gehabt. Er steht heute im Deutschen Museum in München.
Auf der Kairampe setzen die Kräne ihre Lasten ab, und die Kaiarbeiter karren sie in den Schuppen. Das heißt, meistens bereits besorgen Gabelstapler, die gleich die im Schiffsraum vollgepackte Palette (das Stapelbrett) auf die Arme nehmen, diese Arbeit; Gabelstapler schleppen mehr, fahren schneller und können vor allem höher stapeln und also den Platz im Schuppen besser ausnutzen. Bei manchen Gütern jedoch ist

nach wie vor die gute alte Karre unerläßlich – zum Beispiel dann, wenn es »in die Pansen geht« (wenn stinkende Rinderhäute aus Argentinien oder Australien zu löschen sind).
Kaischuppen sind keine Lagerhäuser, sondern die »Sortiertische« des Hafens. Denn in kunterbunter Folge kommen die Güter aus dem Schiff heraus. Im Schuppen werden sie – farbige Markierungen helfen dabei – für die Empfänger zusammengestellt. Die Schuppen können deshalb nicht groß genug sein. Es gibt einige, die sind 400 Meter lang und 50 Meter breit. Das macht jeweils zwei Hektar unter Dach.
Natürlich dienen die Schuppen auch der kurzfristigen Lagerung jener Güter, die verladen werden sollen. Und so braucht kaum betont zu werden, daß man im Hafen erhebliche Verkehrsprobleme zu lösen hat. Ihretwegen kam man nach dem dem Krieg auf die Idee der schon mehrfach erwähnten »Hamburger Kai-Aufteilung«. Das Prinzip: Eisenbahn- und Lastwagenverkehr getrennt. Zwischen Kai und Schuppenrampe liegen am Wasser zwei oder drei Bahngeleise, und auf der Landseite des Schuppens haben die Lastwagenfahrer ihr Reich. So besitzt alles seine Ordnung. Trotzdem kann es bei Hochbetrieb natürlich mit dem Platz mal kneifen. Zumindest eines jedoch ist dann sichergestellt: Waggon und Laster kommen sich auf keinen Fall ins Gehege.
A propos Hochbetrieb: der Welthafen, in dem es gelegentlich nicht einen Engpaß gibt, der muß erst noch gebaut werden.

47–48: Großer Tag auf der Werft: Stapellauf

Flaggen knattern im Wind. Eine Musikkapelle spielt. Grün bekränzt und mit buntem Tuch drapiert ist die unter dem Bug aufgezimmerte Taufkanzel. Den Namen verdeckt eine Persenning. Einstweilen ist das Schiff noch eine Nummer, sagen wir Neubau 888. An langer Leine baumelt die Sektflasche herunter. Ingenieure prüfen zum letzten Male das Preßluftgerät. Sonst aber ist nicht mehr viel Betrieb um das Schiff herum. Frei von allen Stützen steht der Rumpf auf der Ablaufbahn.
Durch das Werfttor drängt sich ein Strom von Menschen. Interessierte allen Alters, aller Bevölkerungsschichten, viele Jugendliche darunter. Wenn's ein besonderes Schiff ist, wie es seinerzeit die 45000-Tonner »Tina Onassis« und »König Saud« waren, die ersten Supertanker der Welt, wenn's ein Schiff ist wie der 88000-Tonner »Esso Spain« oder ein so prominentes wie der Helgoland-Fahrer »Wappen von Hamburg«, dann sind Zehntausende auf den Beinen, sind auch die gegenüberliegenden Kais gedrängt voll von Menschen. Aber auch dann, wenn »nur« ein normaler Frachter abläuft und wenn's Bindfäden regnet – ein Fest ist ein Stapellauf immer. Und den Ingenieuren bringt er stets von neuem den aufregendsten Tag, mögen sie's auch nicht zeigen. Vor allem kommen natürlich die Werftarbeiter. Sie kommen mit Kind und Kegel. Denn der Stapellauf gibt Gelegenheit, der Mutti und den Jungs mal wieder zu verklaren, was das eigentlich heißt, ein Schiff zu bauen. Möglich ist das, weil Sonnabend ist. Das (freie) Wochenende ist zum Stapellauftag geworden. Draußen liegen die Schlepper bereit. Boote der Wasserschutzpolizei sorgen für die Absperrung. Pünktlich erscheint die Prominenz, steigt langsam die Stufen zur Taufkanzel hinauf. Es ist jetzt noch eine Viertelstunde bis zum Termin, bis zum Hochwasser. Mitunter spricht ein Senator oder einer der beiden Bürgermeister. Häufig hält auch ein Pate eine Rede. Das kann zum Beispiel das Oberhaupt der Stadt sein, auf deren Namen das Schiff getauft werden soll. Auf jeden Fall spricht der Werftdirektor, dankt der Reederei für den Auftrag, dankt seinen Mitarbeitern. Zuweilen sagt er auch einiges mehr – wenn es an der Zeit ist, daß gewisse Dinge wieder einmal gesagt werden sollten. Und die Journalisten schreiben es eifrig mit.
Darauf übernimmt eine Frau das Kommando, die Taufpatin. In die Stille hinein schallt der obligate Satz: »Ich taufe dich auf den Namen ‚Ozean' und wünsche dir allzeit gute Fahrt!« Mit weit ausholender Bewegung geworfen, zersplittert die Flasche. Schäumender Sekt fließt über den Stahl, oben fliegen die Persenninge vom Namenschild. Und es wird, falls das möglich ist, noch stiller in der Runde. Es sind die ungewöhnlichsten Minuten, die es auf der sonst so lärmerfüllten Werft gibt.
Plötzlich dumpfe Töne – das ist das Poltern der Stopper, jener Bremshebel, die die Ablaufschlitten, in denen das Schiff liegt, bisher noch auf der geneigten und schmierfettbestrichenen Gleitbahn festgehalten haben. Sie sind gelöst, es ist so weit. Langsam, ganz langsam, millimeterweise, entfernt sich der Bug von der Taufkanzel, und einer, der's zuerst bemerkt, sagt, ruft es fast immer: »He löppt!« – Das heißt, zuweilen läuft das Schiff nicht sofort, nachdem die klobigen Stopper in die Gleitbahn zurückgefallen sind. Dann aber braucht ein Ingenieur nur einen Hebel zu stellen, und mit Preßluftdruck wird ein wenig nachgeholfen ...
Immer schneller gleitet das Schiff davon. Holz poltert unter dem Boden, Dampf quirlt auf. Schon schäumt am Ende der Helling das Wasser; das Heck rauscht hinein. Dann taucht auch der Vordersteven ein, ziemlich tief. Das Schiff verbeugt sich sozusagen vor der großen Gesellschaft. Anker rasseln an der Bordwand runter in den Grund. Langsam, von den Ankern und schon vorher in den Strom gebrachten Aufhaltevorrichtungen gesteuert, dreht der Rumpf sich, kommt zugleich allmählich zum Stoppen. Die Schlepper fahren heran. Der Stapellauf ist geglückt. Über dem Hafen liegt das tiefe Brummen der Schiffssirenen, die »Herzlichen Glückwunsch« sagen. Über die Werft schallen drei Hurras. Hüte werden, hanseatisch-korrekt, gelüftet. Und mit einem Lächeln, Nelken in den weiß-roten (hansischen) Farben im Arm, verläßt die Taufpatin die Kanzel. Die Schlepper bugsieren den Neubau, der nicht mehr ist als ein Haus beim Richtfest, ein Rohbau nämlich, zum Ausrüstungskai.
Im Werftgebäude trifft man sich noch zum Sektfrühstück. Die Arbeiter schlendern derweilen mit den Angehörigen über die Helgen und durch die weiten Hallen ihres Betriebes. Nur die Photographen und Journalisten haben's eilig. Am späten Abend schon soll's in der Morgenzeitung zu lesen sein.

49–54: Probefahrt

Einer Probefahrt ist fast immer schon eine andere Probefahrt vorausgegangen. Die Werftprobefahrt nämlich. Zu dieser geht das neue Schiff ohne Flaggenschmuck in See, und keiner ist dabei, der nicht alle Hände voll zu tun hat. Denn auf der Werftprobefahrt wird das Schiff, wird alles, was sich an Bord dreht, läuft, bewegt, was sich öffnen und schließen soll, was leuchtet, tönt, mißt, anzeigt, auf Herz und Nieren geprüft. Auf der Werftprobefahrt läuft man die Meile ab (stoppt man auf bestimmter Strecke die Höchstgeschwindigkeit), kompensiert (»berichtigt«) man den Kompaß, macht man die ersten Bootsmanöver, prüft man die Erschütterungen im Schiffskörper bei voller Fahrt. Was ihr einige Tage später, nachdem die bis dato erkannten Kinderkrankheiten behoben sind, folgt, ist, genau genommen, die Übergabefahrt. Die Reedereien, die dazu ihre Freunde aus Wirtschaft, Behörden und privatem Kreis einladen, nennen's denn korrekterweise auch so. Im Volksmund aber ist sie nach wie vor »die Probefahrt«.
Natürlich sind auch auf der Übergabefahrt noch überall die Techniker und Ingenieure am Werk. Nur – die Gäste merken es kaum. Für sie ist diese Fahrt das reine Vergnügen. So war's nicht zuletzt auf der »Cap San Lorenzo«, dem 20 Knoten laufenden schornsteinlosen Motorfrachter der Hamburg-Süd, auf dem unsere Bilder entstanden sind. Dieses Schiff bildet

mit seinen fünf Schwestern der »Cap-San«-Serie das Sextett der schnellsten deutschen Frachtschiffe. Im Dienst zu den Ostküstenhäfen von Südamerika sind sie eingesetzt. 160 Meter sind sie lang und gut 21 Meter breit. Fast 8,50 Meter gehen sie tief, und 10300 Tonnen können sie tragen.

Aufsehen in der internationalen Schiffahrt erregten sie nicht nur wegen der hohen Geschwindigkeit, sondern auch wegen ihrer Form. Die Reederei verzichtete bei diesem Typ zum ersten Male auf einen Schornstein. Das, was so ähnlich aussieht und den roten Rand (die Schornsteinmarke der Reederei) hat, das ist tatsächlich der obere Teil der Kommandobrücke, das Peildeck. Die Abgase der Maschine werden durch zwei hinter der Brücke stehende elegant geformte Pfahlmasten abgeleitet, die zugleich Pfosten für Ladebäume sind. Die Maschine konnte so hinter der Brücke eingebaut werden; ihre Geräusche stören die Nautiker, die Besatzung und die Fahrgäste so gut wie nicht mehr. Nur zwölf Tage brauchen diese Schiffe vom letzten Hafen in Europa bis zum ersten in Brasilien. Dafür allerdings waren sie nicht billig: sie kosteten jeweils 15 Millionen Mark.

Doch erzählen wir von der Probefahrt!

»Scheun is wat anners«, brummte der Lotse. Unaufhörlich eilte er hin und her. Vom Radargerät auf die Brückennock, vom Schanzkleid zum Radar. Denn es war, mit Verlaub, alles andere denn Probefahrtswetter. Schon gar nicht war's ein Wetter für einen niegelnagelneuen Schnelläufer wie die »Cap San Lorenzo". Zeitweilig wurde es pottendick. Und die Herren von der Reederei mögen sich gedacht haben: »War doch gut, daß wir gestern für alle Fälle noch einige Dutzend Skatspiele gekauft haben . . .«

Brav kroch die »Cap San Lorenzo« am Tonnenstrich des Fahrwassers entlang. In gehörigem Abstand passierten die Gegenkommer den festlich geschmückten Neubau. Doch schlaff hingen die Flaggen herab. Alles war grau in grau. Selbst das Weiß des Schiffes schien diese Farbe anzunehmen.

Kapitän Heinz Schweitzer erklärte indes mit Hilfe aller zehn Finger sein Radargerät, das modernste, das es gibt. Er durfte es. Denn außer ihm war ja der Werftkapitän an Bord. Schließlich wurde dann der Nebel etwas handiger. Jedenfalls derjenige, der auf der Elbe lag. Daß sich in den tiefergelegenen Decks derweilen einige Köpfe umwölkten, das soll die Herren auf der Brücke wenig gestört haben.

Hochbetrieb herrschte in allen Kammern und Salons. Und dreimal spielte der Oberraum von Luke II die Rolle der Festhalle: zum Frühstück, zum Labskaus (mit Bier und Schnaps und den obligaten Reden) und zum Kaffee. Dutzende von langen Tischen und Bänken waren aufgestellt. Die Farben der Werft und der Reederei verhüllten das nackte Eisen und das rohe Holz. Schon am Tag darauf jedoch verstauten die Schauerleute hier Güter für Südamerika.

Es gab unter den Gästen auch hartleibige Naturfreunde. Die ließen sich selbst von den plus acht Grad und den hundert Prozent Luftfeuchte nicht abhalten, am blauen Schwimmbassin im Liegestuhl zu träumen. Zwischendurch wärmten sie sich dann drinnen wieder auf, mit Hochprozentigem. Ganz Unentwegte kletterten im Maschinenraum sogar bis zum Wellentunnel hinab. So kamen denn auch die Herren Ingenieure in den Genuß, Seemannsgarn spinnen zu dürfen über die Wunderwirkung ihrer 11650 PS, die für fast 20 Knoten (gleich 36 bis 37 Kilometer in der Stunde) sorgen können. »Macht gegenüber einem 16 Knoten laufenden Schiff beim Baupreis eine Million Mark mehr«, konnte man hören. Womit sich wieder einmal bewahrheitete: die Spitzenwerte sind's, die die Dinge teuer werden lassen.

Als ein Dorado erwies sich die »Cap San Lorenzo« für die Photographen. Munter klickten sie in den Nebel hinein, vor allem vom Peildeck herunter, das sich dort befindet, wo sonst der Schornstein zu stehen pflegt. Daß man sich nicht täusche: die beiden »Pfosten« am Ende des Brückenaufbaus, durch die die Maschinengase abgeleitet werden, auf daß die Badenixen auf dem Sonnendeck von Rauch und Ruß ganz unbehelligt bleiben, haben immerhin einen Durchmesser von etwa zwei Metern.

Die große Stunde der Photographen schlug natürlich, als Werftdirektor Dr. William Scholz seinem Neubau, der Baunummer 784, allzeit gute Fahrt wünschte und die Schiffspapiere an Dr. Kersten übergab, was – zumindest symbolisch – das Überreichen eines Schecks von der anderen Seite voraussetzte. Dann pfiff Kapitän Schweitzer einmal durchdringend, und klar und scharf kam das erwartete Kommando: »Hol nieder Werftflagge, heiß Reedereiflagge!«

Darauf fand nichts anderes mehr statt als nur noch Probefahrt mit genügend Vorrat in allen Räumen. Und: »Scheun is wat anners!« hat auf diesem innen wie außen so schmucken Schiff wirklich allein der Lotse gesagt. Wegen des Nebels.

55–56: Fischereihafen: Hochstapelei

Kisten, Holzkisten in unendlich großer Zahl werden im Fischereihafen benötigt. Aus den Räumen der Trawler hievt man die Fische zwar in Körben heraus, dann aber kommen sie in Kisten. Fische müssen nämlich, wenn sie gekauft werden sollen, sichtbar sein. So wollen es die Händler und die Fabriken. Denn Fisch kauft man nicht nur nach Gewicht, sondern mindestens ebenso sehr nach Qualität. Und Fische werden verauktioniert. Angebot und Nachfrage machen den Preis.

Frühmorgens beginnt in den langen Auktionshallen am Fischereimarkt Hamburg-Altona bereits das Treiben. Zu großen Feldern sind die Kisten zusammengestellt. Über sie, über ihren blinkenden schuppigen Inhalt hinweg zieht der Schwarm der Käufer; sie sehen nicht hin, sie haben nur Augen für den Auktionator; sie treten dennoch niemals in eine Kiste hinein. Sie bleiben stets auf der Kante. Das macht die jahrelange Übung. So trainiert wie ihr Sinn für den Marsch über die Kistenrechtecke, so geübt auch ist ihr Ohr. Es geht jeweils um Viertelpfennige. Doch nur sie wissen, was da gespielt, welcher Preis geboten wird. Für den Fremden ist es hoffnungslos. Der versteht nur Rhabarber. Und denkt an das Rattern der Niethämmer auf der Werft.

Seit 1949 hat Hamburg viele Millionen Mark in den Wiederaufbau und Ausbau des Fischereihafens investiert. Auktionshallen und der Ausrüstungskai mit den Gebäuden für die Reedereien sind entstanden; mehrere Packhallen wurden gebaut; ein Filetierschuppen, in dem modernste Verarbeitungsmaschinen arbeiten, wurde errichtet. Es ist alles vorhanden, was die Fischwirtschaft benötigt, auch Eiswerke, Kühlräume und Bahngeleise; nur 18 Stunden braucht der Frischfisch, um in Kühlwagen von Hamburg bis an die süddeutschen Landesgrenzen zu rollen.

Die hamburgische Hochseefischereiflotte besteht aus knapp 20 Trawlern. Die meisten dieser 50 bis 60 Meter langen Schiffe, die zwölf bis vierzehn Seemeilen laufen und äußerst seetüchtig sind, fassen zwischen 5000 und 6000 Korb Fisch; das sind ebenso viele Zentner. Die neuesten Schiffe jedoch werden erheblich größer sein. Man baut Fabrikschiffe.

Die Hochseefischerei ist dabei, sich umzustellen. Sie muß es, weil der Heringsfang in der Nordsee nicht mehr recht einträglich gewesen ist und weil auch auf den bisherigen Frischfischgründen, bei Island etwa, nur wenig ins Netz geht; vor allem deshalb, weil die Isländer ihre Hoheitsgrenzen erheblich erweitert und damit den Fang in der Nähe ihrer Küsten verboten haben.

So sind die Trawler-Kapitäne – Trawl heißt das Grundschleppnetz auf Englisch – gezwungen, sich bei Grönland und Labrador neue Fischgründe zu suchen. Das aber bedeutet: die

Fangreisen dauern länger, die herkömmliche Eiskühlung genügt nicht mehr. Das Fabrikschiff – Kostenpunkt: rund fünf Millionen Mark! – soll Wandel schaffen. An Bord dieser modernen Hecktrawler wird ein Teil der Fische gleich verarbeitet oder aber gefroren und ist dann unbegrenzt haltbar.

57: Rotbarsch

Die Hochseefischer, die von dem sprechen, was sie fangen, von den Fischen also, unterscheiden da sehr deutlich. »Fisch«, das ist alles, was ihnen unter Island und bei Spitzbergen, in der Barentssee, bei Grönland, Neufundland oder gar bei Labrador ins Netz geht. Das ist der großmäulige Kabeljau, der dunkelhäutige Seelachs und der glotzäugige Rotbarsch, das sind Schellfische, Lengfische, Katfische, das ist der quadratische Rochen mit einer möglichen Länge und Breite von 1,50 Meter, der superhäßliche Seeteufel und der bis zu zweieinhalb Meter lange und vier Zentner schwere Heilbutt. Kein Fisch dagegen ist für sie der Hering. Ihn kennt man allein unter seinem Namen, und zuweilen sagen sie auch »König Hering«.

Diese Auszeichnung jedoch verdient er nicht mehr. Denn der Hering hat sich rar gemacht. Die Fänge sind nur noch ein Drittel so hoch wie vor etwa zehn Jahren. Die Wissenschaftler versuchen mit allen Mitteln und auf internationaler Basis, dem Warum auf die Spur zu kommen. Hunderttausende von Heringen sind schon markiert worden, damit man erfährt, wie sie ziehen, wo sie bleiben. Vorerst ist man nur auf Vermutungen angewiesen. Vielleicht, daß die Erwärmung des Meerwassers, die man in den letzten Jahrzehnten beobachten konnte, ihre Lebensgewohnheiten verändert hat und sie andere Wege ziehen ließ. Doch war der Hering immer ein rätselhafter Geselle; bereits zur Hansezeit blieb er, wie man weiß, ziemlich plötzlich seinen angestammten Gründen bei Schonen (in der Ostsee) fern und ließ einen blühenden Zweig der hansischen Wirtschaft verkümmern.

Die Jagd auf den Hering beginnt stets im Juli, dann, wenn er seinen Laichgebieten auf den großen Bänken der Nordsee, dem Fladengrund und der Doggerbank, zustrebt. Etwa im Skagerrak überwintert der Nordseehering, zieht darauf nach Norden und Nordwesten, frißt sich unterwegs fett und wendet sich schließlich nach Süden. Wenn die großen Schwärme den 59. Breitengrad überschreiten, ist es soweit. Dann werfen die Fischdampfer die Leinen los, und die Kapitäne erhoffen sich bis zum Oktober und November hin kurze Reisen von nur acht Tagen, jedesmal ein volles Schiff und im Hafen einen guten Preis. Leider hat diese Hoffnung, wie gesagt, in den letzten Jahren immer wieder getrogen.

Gewissermaßen umgekehrt ist es den Fischern mit dem Rotbarsch ergangen. Als begehrten Speisefisch kennt man ihn noch keine vier Jahrzehnte. Man »entdeckte« ihn erst, als man in den zwanziger Jahren mit dem Grundschleppnetz auf größere Tiefen ging, auf mehr als 300 Meter, die bis dahin die Grenze waren. Heute steht dieser Fisch mit dem leuchtendroten, dunkelmarmorierten Rücken und den etwas helleren Seiten- und Bauchpartien hinter dem Kabeljau neben Seelachs und Schellfisch an vorderster Stelle im Fischfang.

58: Schulln, frische Schulln!

»Mattgood« nennen die Finkenwerder die wertvollsten Fische, die sie mit ihren Kuttern fangen. Dazu gehören vor allem Steinbutt und Seezungen. Der Name entstand, weil die Fischer diese Delikatessen einst unter Strohmatten auf Eis packten, damit sie ganz frisch blieben.

Zuweilen kommen die Finkenwerder Kutter noch in Hamburg zum Markt. Wenn's dann gerade Sonntagmorgen ist, legen sie wohl unten beim Fischmarkt an und verkaufen gleich von Bord, wie in den alten Zeiten. Meistens jedoch löschen die Finkwarder, wie sie sich nennen, ihre Fänge in Cuxhaven. So sparen sie den langen Elbeweg. Und nur einmal ist der kleine Hafen auf ihrer Insel gedrängt voll: zwischen Weihnachten und Neujahr.

Rund 80 Hochseekutter sind auf der berühmten hamburgischen Elbinsel beheimatet. Noch immer steht am Heck ihrer Kutter Finkenwärder mit »ä«, der amtlichen Schreibweise zum Trotz. Ihr Revier ist die Nordsee. Weil die Fische in der Deutschen Bucht nicht mehr so reichlich sind, gehen auch sie mit den nur etwa 30 Meter langen (jedoch sehr stark gebauten) Kuttern zeitweise weit draußen auf Heringsfang. Da jedoch ist es für sie nicht ganz leicht, mit den Fischdampfern zu konkurrieren; denn ihre Schiffe fassen allenfalls 1200 Zentner, müssen also häufiger zum Markt. Aber die Fischer tauschen nicht. Aus Tradition nicht und weil sie ihre eigenen Planken unter den Füßen haben.

Zur Hauptsache sind sie nach wie vor »op Schulln und Tungen«, bringen sie vor allem Edelfische an: Schollen, Seezungen, Scharben, Steinbutt, Kleiß. Mögen deren Mengen nicht imponierend sein, der Preis, den die Fischer pro Pfund erhalten, übertrifft den der Fischdampferware um ein Mehrfaches. Einige auch pflegen Thunfische zu angeln, diese zweieinhalb Meter langen Burschen, die mit einer Geschwindigkeit von 60 bis 70 Kilometern pro Stunde in die Heringsschwärme einbrechen und pro Tag eine Mahlzeit brauchen, die ihrem Gewicht entspricht.

Finkenwerder ist heute das wohl seltsamste, gegensätzlichste Stück Hamburg. Aus den 3500 Einwohnern um die Jahrhundertwende sind 18000 geworden, und es werden immer noch mehr. Wohl wohnen die Fischer noch hinter dem Deich, aber davor fließt nicht mehr die Elbe; dort dehnen sich auf aufgespültem Gelände Wohnsiedlungen, recken sich die Kräne der Deutschen Werft in die Luft. Der Strom ist weit entfernt. Doch sprechen die Alteingesessenen weiterhin ihr Platt. Der Fischerberuf vererbt sich wie früher vielfach vom Vater auf den Sohn. Und jeder, der nicht dort geboren ist, bleibt für sie ein »Butenlanner«.

In der höchsten Blüte stand ihre Fischerei in der zweiten Hälfte des vorigen Jahrhunderts. 1887 waren auf der Insel 187 Fischereifahrzeuge beheimatet. Dann aber kamen die Fischdampfer auf und wurden zur harten Konkurrenz. Immer weiter mußten sich die Finkenwerder mit ihren Ewern, den kleinen Segelschiffen, in die Nordsee hinauswagen, wenn sie bestehen wollten. Von 1835 bis jetzt sind 145 Fischereifahrzeuge der Insel auf See geblieben. In der sturmreichen Zeit von 1900 bis 1910 kamen jährlich fünf oder sechs nicht zurück. Das war die Zeit, der Gorch Fock (Johann Kienau), Sohn eines Seefischers, mit seinem Roman »Seefahrt ist not« ein Denkmal gesetzt hat.

59: Der Nebel steigt . . .

Eis treibt auf dem Strom. Die Schollen scheinen zu dampfen. Tatsächlich jedoch ist es umgekehrt. Sie halten mit der Kälte, die sie über sich verbreiten, die letzten Nebelfetzen fest, die die Sonne ohne sie längst in ein Nichts hätte zerfließen lassen. Nun aber hat sie es geschafft. Die Schiffahrt ist wieder in Gang. In wenigen Minuten wird von dem dicken weißlichen Grau, das noch vor einer Stunde über dem Wasser lag, nichts mehr zu sehen sein. Es gibt einen strahlenden Wintertag.

60–65: Fischmarkt am Sonntagmorgen

Der Fischmarkt beginnt im Sommer um sechs Uhr in der Frühe. Dennoch ist er nicht für Frühaufsteher geschaffen worden. Über den Fischmarkt zu schlendern, ist das Vorrecht jener, die in der Nacht über die Reeperbahn gebummelt sind.

Das jedenfalls ist die landläufige Meinung. Sie geht jedoch mit der Ansicht etlicher Hamburger keineswegs konform. Es gibt nicht wenige, die am Sonntag ziemlich früh aus den Federn fallen, das Fahrrad, das Moped oder auch nur Schusters Rappen satteln und Richtung Fischmarkt ziehen.
Denn auf dem Fischmarkt kann man schnell nicht nur das einkaufen, was man am Sonnabend zu besorgen vergessen hat; dort ist auch sonst mancherlei feil, vom Papagei bis zum Gänseküken, vom Ölschinken bis zur indischen Buddhafigur und zu sonstigen Raritäten aus aller Welt, vom gebrauchten Anzug bis zur Banane, die zu einem Spottpreis angeboten und zunächst einmal »für umsonst« durch die Luft unters Volk geworfen wird.
Dieses Volk ist so gemischt, wie es in einer Hafenstadt von 1,8 Millionen Einwohnern nur sein kann. Wohlhabende und Arme, Einheimische und Fremde, Vornehme und Betrunkene, Gröhlende, Lallende — alle zieht der Fischmarkt in seinen Bann. Wer dort ein Geschäft abschließt, kann natürlich auch an den Unrechten geraten und »heiße« Ware erstehen. Aber wo in aller Welt kann man das nicht, wenn man auf der Straße kauft? Die Skala der Händler jedenfalls reicht vom Original über den alten Mann, der sich zu seiner kargen Rente ein paar Pfennige hinzuverdient bis hin zum soliden Kleinbürger. Manche der Frauen könnten Puvogel heißen und die Mutter von Klein-Erna sein.
Frage jedoch: gehört der Fischmarkt eigentlich zum Hafen? Von seinem Äußeren her betrachtet: nein. Das darf man sagen, obwohl die Norderelbe nur hundert Meter entfernt vorbeifließt. Fisch, dem er seinen Namen verdankt, gibt's dort kaum noch zu kaufen. Allenfalls macht unten am Kai mal ein Kutter fest.
Und doch ist der Fischmarkt nicht denkbar ohne den Hafen. Denn nicht jene, die dort Attraktion, Amusement und Lärm suchen, haben ihn entstehen lassen. Sondern jene, die im Hafen und am Hafen zu Haus sind. Die Fischverkäufer und die Fischfrauen haben ihm einst den Stempel ihrer Art aufgedrückt. Und die waren irgendwie alle Originale.
Wie etwa die Alte, die beim Aalabziehen von einer aufgeregten Fremden mit den Worten »Aber Frau, das ist doch Tierquälerei!« bedacht wurde und darauf seelenruhig antwortete: »Ooch, min Beste, dat hett nicks to seggn; dat mook ick nu all veertig Johr; dor hebbt de Aal sick so bi lütten an geweunt.«

66: Lipizzaner via Hamburg

Dieses Bild, verschweigen wir es nicht, ist deshalb ins Buch gekommen, weil Photograph und Autor auch – Pferdenarren sind. Im übrigen zeigt es einmal mehr, wie universell der Hafen tatsächlich ist. Von der weißen Maus bis zum tonnenschweren Elefanten gibt es nichts, das seine Arbeiter und Geräte vor Probleme stellen könnte. Eine Quarantäne-Station ist natürlich auch vorhanden. Und zu bemerken ist, daß es an Bord der Schiffe im allgemeinen niemand so gut hat wie Tiere. Janmaat ist ein großer Freund der Kreatur. Erbfeindschaft besteht allein zwischen ihm und dem Hai.
Aus Österreich kam dieser Lipizzaner zusammen mit anderen seiner Rasse nach Hamburg, um hier die Reise über den Großen Teich anzutreten. Die Hansestadt an der Elbe nämlich ist einer der wichtigsten Überseehäfen für das Binnenland an Donau und Inn; sie rangiert hinter Triest an zweiter Stelle.

67: Frühlingssonne

Die St.-Pauli-Landungsbrücken sind nicht allein der Hafen-Balkon für die Hamburg-Besucher. Sie sind, wenn nur die Sonne ein wenig scheint, auch der schönste Platz für die Alten aus der christlichen Seefahrt. Nur wenige hundert Schritt entfernt haben sie, 95 an der Zahl, ihr Heim.
Manches Schiffsmodell und manches Buddelschipp (Flaschenschiff) pflegen sie dort noch auf ihre alten Tage zu basteln, manchen Skat zu dreschen. Am liebsten aber sitzen sie am Wasser. Von den Schiffen kommen sie nicht los.
Ihr Heim mit den Ein- und Zweibettzimmern und den Gemeinschaftsräumen in jeder Etage, gelegen in der Karpfangerstraße, ist 1953 gebaut worden. Aber – was will das schon heißen! Tatsächlich steht ihr Haus – wenn es auch im Laufe der Zeit drei Gebäude waren – gut vierhundert Jahre. Und wenn ein ganz besonderer Anlaß ist, dann lassen sie einen Pokal kreisen, der vor mehr als dreihundert Jahren nachweislich aus dem Silberschatz des Seeräubers Klaus Störtebecker geschmiedet worden ist, den die Hamburger 1401 gefangen und enthauptet haben.
Im Jahre 1559 ist an der Schaartorbrücke das erste Haus für notleidende Seefahrer, calamitosos nautas, wie man damals sagte, gebaut worden. Der Rat der Stadt hat das Grundstück geschenkt, die Bauherren waren die Schiffergesellschaft und der Gemeine Kaufmann, die Vereinigung der Kaufleute. »Trosthaus« nannte man das Heim. Entstanden ist es zu einer Zeit, in der besonders viele Seeleute Unbill erleiden mußten. Es waren die Jahrzehnte, in der kein Schiff vor den türkischen und maurischen Barbaresken sicher sein konnte, in der Ungezählte in die Sklaverei mußten und wohl fast immer als Kranke und Krüppel heimkehrten – wenn überhaupt.
Die einzige Möglichkeit, die versklavten Seeleute freizubekommen, war das Loskaufen. Deshalb hat man 1624 eine Sklavenkasse gegründet, »zu welcher ein jeder der von der Stadt fahrenden Steuer- oder Bootsleute ein gewisses von seinen Reisen contribuiren« mußte. Außerdem kam bald darauf, allein für die Kapitäne und Steuerleute, die »Casse der Stücke von Achten« hinzu. Woher ihr seltsamer Name stammt? Im gesamten Mittelmeerraum war damals eine spanische Münze, der kastilianische »Peso de octo«, die gängige Lösegeld-Währung. Wörtlich übersetzt: Stück von Acht.
Das erste Seefahrer-Armenhaus hat mehr als 200 Jahre überdauert. Als es baufällig geworden war, brach man es ab und baute – 1774 – auf den alten Fundamenten ein neues stattliches Gebäude. Viele Hamburger kennen es noch und erinnern sich an die kupferne Tafel neben der Tür. Eine Bark in Seenot war darauf zu sehen, und darunter stand: »Gebt den Seefahrer-Armen um Gottes Willen!«
Dieses Haus, in dem die Alten in hölzernen Zimmer-Galerien wohnten, in das sie sich für 60 Mark einkaufen konnten, ist 1943 zerstört worden. Zehn Jahre später stand, wenn auch auf anderem Grundstück, das neue Heim. Bauherr war die Seemannsmission, und viele Hamburger haben geholfen.

68: Es klart auf

Stundenlang hat das Dröhnen der Schiffssirenen den Elbanwohnern in den Ohren gelegen. Nun klart es auf. Die Sonne ist durchgekommen. Wenn sie auch gelblich-verschwommen im Dunst erscheint – das genügt schon. Es ist sichtig genug. Fast in Kiellinie werden nun die Frachter aufkommen, die bisher nur mit ganz langsamer Fahrt vorwärtsschlichen oder sich einen Ankerplatz gesucht hatten. Für die Lotsen, die Festmacher, die Schlepperleute beginnen ein paar harte Stunden. Und im Hafen wird man zusätzliche Arbeitskräfte gebrauchen. Mit Sicherheit wird am Abend über das Radio die Reserve aufgeboten werden, wird man die »Unständigen« aufrufen. Es gibt sie trotz der Vollbeschäftigung; denn in einer Stadt von fast zwei Millionen fehlen nun einmal jene nicht, die die Ungebundenheit der festen Arbeitszeit und dem garantierten Lohn, die das ungeregelte dem geregelten Leben vorziehen.
Nebel ist nach wie vor etwas, das der Seemann gar nicht liebt. Trotz des Radargeräts. Denn auch das modernste

Radar ist nur ein Hilfsmittel, sich durch die graue Finsternis hindurchzulavieren, an fahrenden und an ankernden Schiffen vorbei. Schließlich ist das Fahrwasser der Unterelbe in der Nähe Hamburgs nur gut zweihundert Meter breit, nicht so sehr viel, wenn man bedenkt, daß ein großer Tanker von Bordwand zu Bordwand rund dreißig Meter mißt. Erst allmählich weitet es sich in Richtung Nordsee zu dreihundert, vierhundert Meter, um bei Cuxhaven eine Breite von etwa siebenhundert Meter zu erreichen.

Das Radar entbindet Kapitän und Lotsen nicht von der Verpflichtung, sich bei der Nebelfahrt auch akustisch bemerkbar zu machen. Alle zwei Minuten ein langer Ton bedeutet: wir machen Fahrt durchs Wasser; alle zwei Minuten zwei lange Töne: treiben mit gestoppter Maschine; alle zwei Minuten ein lang, zwei kurz: wir sind ein Schleppzug oder ein begrenzt manövrierfähiges Fahrzeug; und alle Minute ein fünf Sekunden langes Läuten mit der Schiffsglocke sagt: hier liegt ein Fahrzeug vor Anker.

Nebel tritt auf der Unterelbe vornehmlich in den Wintermonaten auf. Am nebelreichsten sind der Dezember, der Januar und der März. An jeweils sechs bis acht Tagen dieser Monate ist mit sehr schlechter Sicht zu rechnen. Die Ursache liegt auf der Hand. Im Winter ist die Luft feucht, und nachts kühlt sie stark ab, so daß sie dann übersättigt wird. Etwas günstiger ist die Lage im November und Februar. Im November ist die nächtliche Abkühlung noch nicht so stark wie einige Wochen später, da das vom Sommer her noch ziemlich warme Wasser für einen Ausgleich sorgt; und im Februar ist die Luft bei anhaltendem Frostwetter häufiger als in den anderen Wintermonaten recht trocken.

An 50 bis 60 Tagen im Jahr ist Nebel zu erwarten. Natürlich muß das nicht heißen, daß es dann überall, von Hamburg bis zum Feuerschiff Elbe I, gleich dick ist. Nebel tritt vielfach nur schwadenweise auf und wird vom Wind langsam weitergetrieben. Im Durchschnitt dauert er bei Hamburg knapp fünf Stunden. Vorwiegend bildet er sich in den frühen Morgenstunden, und meistens hat die Sonne, die die Luft erwärmt und sie befähigt, mehr Feuchtigkeit aufzunehmen, ihn zu Mittag aufgesogen. Es kann aber auch – ganz selten zwar und keinesfalls alle Jahre – vorkommen, daß volle vier Tage lang Nebel über der Unterelbe liegt. Im übrigen: Nebel herrscht laut den Bestimmungen des Wetterdienstes dann, wenn Sichtmarken – Gebäude, Bojen, Fahrzeuge – in tausend Meter Entfernung nicht mehr deutlich als solche erkannt werden können.

Die Wirkung, die der Nebel einst auf die Schiffahrt ausübte, hat er heute nicht mehr. Er kann nicht mehr den ganzen Betrieb auf der Unterelbe und damit einen Teil der Arbeit im Hafen lahmlegen. Denn die kurzwelligen elektromagnetischen Radarstrahlen (von einer Antenne ausgesandt, von den Gegenständen, auf die sie treffen, reflektiert, von derselben rotierenden Antenne wieder aufgefangen) machen auf einem Bildschirm als Lichtpunkte deutlich, wo die Fahrwassertonnen stehen, wo die Küste beginnt, was im Fahrwasser schwimmt. Die Bordradargeräte sind immer noch vervollkommnet worden, und außerdem wurde an der Elbe und im Hafen die Radarleitstraße errichtet. In bestimmten Abständen drehen sich am Ufer auf hohen Gittermasten die Antennen; sie senden ihre Bilder zu drei Leitstationen. Dort sitzen geschulte Männer vor den Bildschirmen, neben sich ein Funksprechgerät. Ihr Gesprächspartner ist jeweils der Lotse auf der Brücke eines Schiffes, der gleichfalls ein (tragbares) Funkgerät bei sich hat.

Vom Radarberater an Land wird der Lotse über alles informiert, was auf der Elbe im Nebel geschieht, und er wird sozusagen von Leitstation zu Leitstation weitergereicht. Diese Methode besitzt einen großen Vorteil: Der Beobachter am Landradargerät hat einen festen Standpunkt, er bewegt sich nicht, er kennt seinen Streckenabschnitt vom Elbe-Revier in- und auswendig; er also weiß jeden neu auftretenden und jeden sich verändernden Lichtpunkt auf der dunklen Scheibe seines Geräts sofort zu deuten. Vor allem aber gibt er zusätzliche Informationen, weil ja zugleich an Bord auch das Radargerät des Schiffes besetzt ist. Schon immer hat bei der Seefahrt dieser Grundsatz gegolten, in der Nebelfahrt wird er noch zwingender: vier Augen sehen mehr als zwei.

69: Schutenschipper

Richtig heißen die Männer, die im Hafen auf den Schuten arbeiten, »Ewerführer«. Sie haben ein Stück der alten Zeit in unsere Tage hinübergerettet. Wenn sie zum Beispiel die mit Kohlen beladenen Schuten vom Bleichenfleet, dem »Schwarzen Meer«, wie sie sagen, zum Alsterfleet bringen, wenn sie den mehr als engen Verbindungskanal am Neuen Wall passieren und sich darauf zur Kleinen Alster durchschleusen lassen, wenn sie ihre schweren Kähne, am langen Peekhaken stemmend oder ziehend, mit Muskelkraft vorwärtsbewegen und um die kniffligsten Ecken zwingen, dann zeigt das: so kamen einst alle Güter von den Schiffen in die an den Fleeten liegenden Speicher, so wurden einst auch die Schiffe, die im Strom festgemacht hatten, beladen.

Doch irrt, wer da meint, die Ewerführer und ihre Schuten seien ein Anachronismus in einem modernen Hafen, ein Überbleibsel, an dem nur noch einige aus Tradition festhalten. So ist es nicht. Die rund 2700 offenen oder gedeckten Schuten, die zusammen eine Tragfähigkeit von beinahe 400000 Tonnen haben, befördern auch heute noch – von Schleppern oder Barkassen bugsiert – den größten Teil der Güter zwischen den Schiffen und den Speichern. Im Zwischenverkehr zu den Küstenschiffen und zu den Getreidesilos werden sie gleichfalls eingesetzt. Sie sind ein wesentliches Element des »schnellen« Hafens.

Ganz früher allerdings versahen sogenannte Jollen – große, offene Boote, die gerudert wurden – den Warentransport zwischen den an den Pfählen liegenden Seglern und dem Land. Da waren die Ewer, von denen die Ewerführer ihren Namen haben, flachgehende Segelschiffe, die als Kiel-Ersatz an beiden Bordwänden Stabilisierungsflossen hatten – sogenannte Schwerter, die in seichtem Wasser, wenn man vom Segeln zum Staken übergehen mußte, hochgezogen wurden. Diese Ewer dienten vor allem dem Güterverkehr auf der Unterelbe. Später dann arbeiteten die kleinen Jollen nicht mehr rationell und schnell genug: da übernahmen die plattbodigen Ewer deren Funktion und wurden zu Schuten. Diese Entwicklung setzte ein zu Beginn des vorigen Jahrhunderts. In den vierziger Jahren wurden im Hafen damals die ersten Ewerführereien gegründet.

70: Saugrüssel in allen Luken

»He Lücht« pflegt seinen Gästen, die mit ihm durch den Hafen fahren, angesichts der qualmenden, schwarzen Ungetüme, die hier und da zu viert, fünft oder sogar im halben Dutzend ein Schiff flankieren, zu sagen, indem er auf deren Rohre und Saugrüssel hinweist: »Das, meine Herrschaften, sind die Groß-Staubsauger des Hafens – reinigen jedes Schiff in kurzer Zeit ...«

Nun, das ist Garn. Gleichwohl aber: Sauger sind sie, mögen sie auch Heber heißen. Nur mit ihrer Hilfe ist es möglich, einige zehntausend Tonnen Getreide oder Ölfrüchte (wie Sojabohnen für die Margarine-Industrie) in wenigen Tagen zu löschen. Siebzehn dieser schwimmenden Getreideheber, die pneumatisch arbeiten und deshalb mit Unterdruck erzeugenden Luftpumpen ausgerüstet sind, stehen im Hafen bereit. Bis zu 330 Tonnen schafft ein solcher Heber in der Stunde, doch ist seine Leistung von den Arbeitsbedingungen abhängig: ob die Ladung in kleine Schuten, ob sie in Kähne, in Küstenschiffe oder gar in ein Seeschiff umgeschlagen wird, darauf kommt es an. Eine Schute zum Beispiel ist schon in zehn Minuten voll und muß dann verholt werden...

Hamburg ist einer der bedeutendsten Getreideeinfuhrhäfen Europas. Rund zwei Millionen Tonnen Getreide und eine Million Tonnen Ölfrüchte werden hier jährlich umgeschlagen. Die Ölfrucht- und Ölsaat-Importe bleiben fast ausschließlich am Ort; denn die Stadt beherbergt 40 Prozent der deutschen Ölmühlenindustrie. Beim Getreide ist es anders: ein nicht geringer Teil geht mit der Bahn oder dem Elbkahn ins Binnenland, bis in die Tschechoslowakei; ein noch größerer Teil aber wird in Küstenschiffe umgeschlagen und von diesen zu den kleinen deutschen Häfen oder nach Skandinavien befördert. Hamburg ist wieder, man darf es sagen, der Hauptgetreidehafen von Dänemark und Schweden. Außerdem können rund 500000 Tonnen Getreide in Silos eingelagert werden; die meisten liegen an tiefem Wasser und erhalten das Lagergut – 47 stationäre Heber stehen dafür an ihren Kais – direkt aus dem Seeschiff.

A propos Seeschiff! Sollte »He Lücht« einmal berichten: »Und dort, meine Herrschaften, sehen Sie, wie ein Getreide-Tanker gelöscht wird...« – dann ist das nicht gesponnen. Denn manches Tankschiff, das eigentlich für den Transport von Rohöl gebaut worden ist, hat schon, weil die Ölfrachtraten zu niedrig waren, Getreide über den Großen Teich geschleppt. Für die Saugrüssel der Heber sind die engen Luken und tiefen Tanks kein Problem. So sind bereits Tanker elbauf gekommen, die gut 30000 Tonnen Getreide im Bauch hatten und damit fast elf Meter tief gingen.

Wer »He Lücht« ist, braucht den Hamburgern nicht erläutert zu werden. Dennoch sei es hier erklärt: er ist der freundliche Mann, der auf den Fähren und Barkassen, die zur Hafenrundfahrt starten, mit dem Mikrofon in der Hand den Bärenführer macht und dabei mit Tausenden von Tonnen nur so um sich wirft. Er selbst übersetzt seinen Namen so: »Er leuchtet«.

Die Schauerleute dagegen sagen es anders. Wenn seine Stimme zu ihnen hinüberschallt, dann pflegt einer das Kommando zu geben, indem er langsam bis drei zählt: »Een, twee, dree...«. Und im Chor hallt es so prompt wie laut über das Wasser: »He – lücht!«

Das heißt ganz schlicht: »Er lügt«.

71: Ein Tanker kommt auf

Pardon! Dafür, daß hier ein kleines Zahlen-Kolleg steht. Aber es muß sein.

Hamburg ist heute mit rund 280000 Industrie-Beschäftigten (von 920000 Beschäftigten insgesamt) die größte deutsche Industriestadt. Die Industrie rangiert vor Handel (210000 Beschäftigte) und Verkehr (100000) an erster Stelle.

Der überwiegende Teil der Industrie liegt am Hafen oder ist zumindest in der Rohstoffeinfuhr und auch im Abtransport der Erzeugnisse vom Hafen abhängig.

In der Statistik der Beschäftigten hält der Schiffbau mit 31000 Personen die Spitze vor dem Maschinenbau (29000), der Elektrotechnik (28000), der Chemie (18000) sowie der Kautschuk- und Asbestindustrie (14000). Mit gut 8000 folgt die Mineralölindustrie an sechster Stelle.

Nimmt man jedoch den Umsatz zum Maßstab, dann ist die Mineralölindustrie mit 2700 Millionen Mark jährlich weit voraus die Nummer eins; auf den Plätzen folgen die Elektrotechnik (1270 Millionen Mark), der Tabak (1160), die Chemie (900), der Schiffbau (800), der Maschinenbau (700)...

Anders ausgedrückt: mit drei Prozent der Industrie-Beschäftigten schafft die Mineralölindustrie etwa 20 Prozent des Industrie-Umsatzes in der Hansestadt. Was bedeutet, daß sie einiges Geld auch in die Kassen des Staates bringt und daß man deshalb einigen Grund hatte, Gelände für die Ausweitung ihrer Raffinerien zur Verfügung zu stellen, ihr neue Häfen für die Tankschiffe zu bauen und die Elbe für die Tanker von zehn auf elf Meter zu vertiefen.

Andere Zahlen machen gleichfalls deutlich, welchen Wert das Mineralöl für den Hafen hat. Die Raffinerien setzen jährlich fast acht Millionen Tonnen Rohöl durch und transportieren rund drei Millionen Tonnen ihrer Fertigprodukte mit Schiffen wieder ab. Das ist ein Umschlag von nahezu elf Millionen Tonnen und damit mehr als ein Drittel des Gesamtumschlags im Hafen.

Tanker von etwa 40000 Tonnen Tragfähigkeit und elf Meter Tiefgang kommen bereits die Elbe herauf. Allerdings müssen sie eine günstige Zeit abpassen: so beim Feuerschiff »Elbe II« eintreffen, daß sie das Hochwasser ausnutzen können.

Im Vortopp heißen sie bei dieser Reise am Tage einen großen schwarzen Zylinder, nachts zeigen sie im Vordermast zusätzlich ein rotes Licht. Beides bedeutet: hier kommt ein Wegerechtschiff, das seiner Größe wegen das tiefste Fahrwasser beansprucht, quasi also Vorfahrt hat.

Janmaat, der auf solchen Tankern fährt, tut gut daran, sich auf See ausgiebig und sehr lange auf die Hafenliegezeit zu freuen. Denn das Vergnügen an Land ist um so kürzer. In 15 bis 20 Stunden ist ein 40000-Tonner leergepumpt. Für einen zweiten St. Pauli-Bummel reicht es nur dann, wenn eine Werftüberholung fällig ist.

72: Auf Fähre VII

»Fähre sieben« – das war früher ein Begriff besonderer Art. Denn Fähre VII hatte unterhalb der Landungsbrücken ihren eigenen Anlegeplatz und ihre eigene kleine Kneipe gleichen Namens. Und die »Seute Deern« lag in der Nähe. »Fähre sieben«, das war mehr als nur eine Schiffsverbindung in den Hafen.

Jedoch: wo die Fähre VII einst festmachte, ist es heute still geworden. Wohl gibt es noch die kleine Wirtschaft dieses Namens, die Menschenfracht der Fähre aber mischt sich seit einigen Jahren schon mit der anderen, die auf den Landungsbrücken zusammenströmt. Fähre sieben hat ihren speziellen Landeplatz verloren.

Dennoch ist sie etwas Besonderes geblieben. Man lese nur die Namen, die auf dem Fahrplan der kleinen Schiffe mit der zweimal diagonal geteilten rotweißen Flagge stehen: Kaiser-Wilhelm-Höft, Ellerholzhöft, Roßhöft...

Für den Kundigen bedeuten sie Kuhwerderhafen, Kaiser-Wilhelm-Hafen, Ellerholzhafen, Roßhafen, Oderhafen; mit einem Wort: Kohwarder.

Und auf Kuhwerder haben die Hapag und der Bremer Lloyd und die DDG Hansa ihre Stammschuppen, dort liegen in langer Reihe tagtäglich Holländer, Franzosen, Engländer, Japaner und viele andere. Dort sind die Liegeplätze so begehrt, dort ist der Hafen so prall voll von Leben und von Internationalität wie sonst nirgendwo.

Fähre VII ist davon das Abbild.

73–74: Blöcke aus dem Urwald

Samba? – Dumme Frage, natürlich weiß man, was das ist. Und doch weiß man es, ein paar Spezialisten ausgenommen, nicht. Denn im Hafen ist Samba etwas ganz anderes. Da steht es in einer Reihe mit Limba und Abachi, mit Wawa und Ilomba, mit Kambala und Okoumé. Womit wahrscheinlich noch immer etliches unklar bleibt. So sei die Liste denn fortgesetzt. Auch Makoré, Pitchpine und Palisander, Nußbaum, Zeder, Mahagoni und nicht zuletzt das so begehrte

Teak gehören dazu. Also ist deutlich: vom Holz ist hier die Rede, vom Rundholz, das aus den Tropen kommt. Hamburg ist, damit der übliche Superlativ nicht fehle, auch dafür der bedeutendste deutsche Importplatz. Eine viertel Million Tonnen etwa kommen jährlich Stamm für Stamm herein. Besser muß man sagen Block für Block. Denn die Stämme der Urwaldriesen sind als Ganzes nicht zu verschiffen. Und das nicht nur wegen ihrer Länge von zwanzig oder dreißig Metern oder mehr.
Draußen auf Griesenwerder, wo keine Fähre anlegt, wohin auch kein Bus fährt, wo der Hafen – es ist kaum zu glauben, aber es stimmt – stellenweise eine grüne Wildnis ist, dort liegt am Ende einer Kaizunge der größte Lösch- und Stapelplatz für tropische Hölzer. Er ist einer von drei Plätzen dieser Art in Hamburg. Seine zehn nach beiden Kaiseiten hin offenen Hallen stehen auf Pfählen, die bis zu 24 Meter lang sind; und einer der beiden Kais mußte, weil der Untergrund allzu moorig war, einst auf 21 Caissons gegründet werden, als einziger Kai an der Elbe. Die Firma, die diesen Platz für die Importeure betreibt, ist weit bekannt: J. F. Müller & Sohn A.G., Holzumschlag sowie Agenten und Makler für tropische Hölzer. Sie kennt sich in der Branche seit mehr als eineinhalb Jahrhunderten aus, denn schon 1795 machte Jacob Friedrich Müller ein Kommissionsgeschäft auf und hatte dabei auch mit Farbhölzern zu tun. Im übrigen aber haben die Hamburger Holz gelöscht, solange ihre Stadt steht. Ohne Holz wäre sie schließlich gar nicht erst gebaut worden. Holz und Getreide waren die wichtigsten Massengüter des mittelalterlichen Hafens. Schon im 17. Jahrhundert kamen auch amerikanische Hölzer herein.
An den Kais ist zu beiden Seiten der riesigen Lagerhallen Platz für vier Seeschiffe. Wenn man »rund um die Uhr« arbeitet, in drei Schichten, dann schaffen die sieben Kräne in 24 Stunden an die 3000 Tonnen aus den Laderäumen heraus. Auf einem Rundgleis können die Kräne von einem Kai zum anderen hinüberwechseln. Die »Deutschland-Kurve« nennen sie auf Griesenwerder (graue Insel) dieses Gleis. Die Lagerfläche ist sieben Hektar groß. 30 000 Quadratmeter davon sind überdacht. So lassen sich, wenn es sein muß, 40 000 Tonnen Holz witterungsgeschützt unterbringen. Schutz vor dem Wetter allerdings bedeutet in diesem Fall nicht Schutz vor dem Hamburger Wetter. Das heißt vor allem: Schutz vor der Sonne. Viele tropische Hölzer mögen sengende Strahlen nicht. Im Freien ist dann noch Platz für etwa 60 000 Tonnen.
Rund 90 Prozent der Hölzer kommen aus Afrika, aus den Urwäldern zwischen Ghana, Nigeria und dem Kongogebiet. Der Rest ist amerikanischer und asiatischer Provenienz. Daß die Blöcke so schnell und reibungslos gelöscht werden, dankt die Firma sich selbst. Sie hatte einst die Idee, nicht mehr mit Stahlstropps zu arbeiten, sondern die Stämme von großen stählernen Zangen, die sich ins Holz hineinbeißen, fassen zu lassen. Eine Kunst für sich ist das Stapeln. Mit Hilfe von Deckenkränen besorgt man das in den Hallen. Jeder Block erhält eine solche Lage, daß er weder rutscht noch rollt. Zusätzlich fügt man kleine Steine als Bremsklötze ein. So stehen selbst Zwölf-Meter-Stapel, aus rechtwinklig zueinandergeschichteten Lagen gebaut, fest wie ein Haus.
Doch nicht jene Stapel haben den Chronisten das Staunen gelehrt. Das war etwas anderes. Es war die Frage: am Stückgutkai ist der Drei-Tonnen-Kran die Norm – wozu um alles in der Welt braucht ein Holzumschlagbetrieb, in dem, mit Verlaub, lediglich Baumstämme und keineswegs stählerne Schwergewichte aus den Luken der Schiffe geholt werden, Kräne, die 20 Tonnen heben können und jeder mittleren Werft zur Ehre gereichen würden? Bei Müller & Sohn lächelte man und stellte eine Gegenfrage: »Was schätzen Sie?« Nun, das war so schwer nicht, denn die Hand reichte gerade bis auf die obere Kante des Blocks, und dessen Länge konnte man abschreiten: »Gut zwei Meter Durchmesser, sieben Meter lang.« – »Kommt hin. Und wenn man nun für schwere Hölzer ein spezifisches Gewicht von 0,8 zugrunde legt?«
So begann denn das Schulwissen Triumphe zu feiern: R-Quadrat-Pi mal Länge machte rund 22 Festmeter, mal 0,8 ergab – fast 18 Tonnen. Und mit einem weiteren Lächeln kam die Bestätigung: »Das Dickste, was wir bisher heranbekommen haben, wog 22 Tonnen. Ein solches Gewicht ist selten. Aber Blöcke von 10 bis 15 Tonnen sind alle Tage dabei.«

75: Am Bananenschuppen

Fruchtschiffe sind schnell; sie laufen sechzehn bis achtzehn Knoten. An Bord ist eine ausgeklügelte Kühltechnik installiert. Ihr Bild ist so gut wie immer eine Augenweide, und das nicht nur, weil sie vom Bug bis zum Heck in weißer Farbe blitzen. Mit einem Wort: Fruchtschiffe haben den Anflug des Modernen. Dennoch findet man in ihren Decks etwas wahrhaft Altertümliches. Fahrenheit-Thermometer nämlich. Gefrierpunkt: 32 Grad; Siedepunkt: 212 Grad.
Das hat natürlich seinen Grund. Der heißt: Bananen. Die gelben Früchte, die von diesen Schiffen befördert werden, sind die empfindlichsten Güter, die man sich nur denken kann. Schon das Wörtchen »gelb« dürfte hier eigentlich gar nicht stehen. Weil die Offiziere der Bananendampfer, wie Hein Seemann die Fruchtmotorschiffe noch immer nennt, unterwegs alles daranzusetzen haben, das Gilben ihrer Ladung zu verhindern. Eben drum messen sie nach Fahrenheit. 52 bis 53 Grad (11 1/4 Grad Celsius) haben stets in den Laderäumen zu herrschen. Anders gibt es Ärger. Die Bananen müssen grün in Hamburg ankommen. Sind sie erst gelb, dann sind sie bereits auf dem besten Weg ins Verderben.
Ammoniak-Kühlmaschinen sorgen auf den Bananenschiffen für die notwendige Temperatur. Propeller halten die Luft ständig in Bewegung. Eine Entfeuchtungs-Anlage verringert den Wasserdampfgehalt. Mit Hilfe einer Ozon-Anlage beugt man der Bildung von Schimmelpilzen vor, und beseitigt man vor dem Beladen Fremdgerüche. Bis zu 30 Zentimeter stark ist die Schicht aus Aluminiumfolie, die Bordwände, Decks und Schotten isoliert. Schließlich noch hat auch das blendende Weiß der Außenhaut seine Bedeutung als Reflektor der wärmenden tropischen Sonnenstrahlen. Aufrecht stehen die Bananenstauden in Holzrosten, und mit der Pünktlichkeit der Eisenbahn treffen die Schiffe in Hamburg ein: weil die Frucht es so verlangt.
Für das Löschen der Bananen hat der Hafen einen Schuppen gebaut, der in der Welt einmalig ist. Zweigeschossig ist er und 250 Meter lang, und nicht nur im Gebäude herrscht die gewünschte Temperatur von etwa zwölf Grad, sondern auch in den rundherum geschlossenen Elevatoren, in deren Segeltuchtaschen die Stauden aus dem Schiff herausbefördert werden (unser Bild). Über ein vielverzweigtes System von Transportbändern wandern sie durch den Schuppen. Die reifen Bananen – die einen schnellen Verderb während des Weitertransports bewirken würden – werden unterwegs herausgeschnitten, und dann werden die Stauden sofort verladen. 32 Eisenbahnwaggons und zahlreiche Lastzüge haben in dem 30 Meter breiten Schuppen Platz .
In zwei Schichten, in fünfzehn Stunden also, ist eine normale Schiffsladung von 60 000 bis 80 000 Stauden, die 1500 bis 2000 Tonnen wiegen, gelöscht und auf die Reise ins Binnenland gebracht. Kein Wunder, daß zwei von drei Bananen, die in der Bundesrepublik gegessen werden, über Hamburg hereinkommen: aus Ekuador, Kolumbien, der Dominikanischen Republik und von den Kanarischen Inseln.
Die Häfen, in denen dort die Bananen geladen werden,

sind häufig gar keine. Wohl gibt es Anlegeplätze, die mit Fließbändern ausgerüstet sind, doch muß es ebensogut noch ein Ankerplatz im Strom tun. Der Urwald ist dann zum Greifen nah. Zu Dutzenden kommen die Früchte in Leichtern längsseits, und von Hunderten von Arbeitern werden die Stauden über schmale Laufplanken in die Kühlräume getragen. Im Gänsemarsch marschieren die Arbeiter, ein Büschel auf dem Nacken, durch die Seitenpforten herein, im Gänsemarsch geht's wieder hinaus. Unaufhörlich kreist die Menschenschlange durchs Schiff: »Pass Banana! – Pass Banana!«
Fragt man einen Kapitän, was er und die Mannschaft denn nun in solchem Urwaldkaff anfangen, dann lacht er wohl lauthals: »Bananen laden, sonst nichts!« Und auf eine unausgesprochene Frage setzt er vielleicht hinzu: »Sie werden staunen, aber Hamburgs Technik ist nicht schneller als drüben etliche hundert Menschen, in zwölf bis achtzehn Stunden haben wir auch dort knapp 2000 Tonnen drin, sind wir voll.«

76: Na Hus, na Hus!

Jeden Nachmittag ist der Elbtunnel eine knappe Stunde lang für den allgemeinen Fahrzeugverkehr gesperrt; dann gehört er allein den Fußgängern, den Motorrad- und Mopedfahrern, den Zehntausenden, die aus Werft- und Schuppen-Toren herausströmen – nach Haus. Jeden Nachmittag auch sind die Fährschiffe gepökelt voll von Menschen, die es mehr als eilig haben, an Land zu kommen. Überschrift: Schichtwechsel. Im Hafen wird, wenn es sein muß, »rund um die Uhr« gearbeitet. Es gilt der 24-Stunden-Tag. Von montags bis freitags schafft man in drei Schichten zu je 7½ Stunden, sonnabends und sonntags in vier Schichten zu je sechs Stunden. Natürlich werden in der zweiten und dritten Schicht etwas höhere Löhne gezahlt – aber: schon mancher Kapitän hat die Zeit, die er in anderen Häfen verwarten mußte, in Hamburg wieder aufgeholt, dank der Schichtarbeit.
Rund 17000 Hafenarbeiter sind zu jeder Tages- und Nachtzeit einsatzbereit. Dazu gehören die etwa 12000 »festen« Leute der Stauereien, Ewerführereien, Kaiumschlagsbetriebe, Quartiersleute, Lagerhäuser, Kontrollfirmen, Wägefirmen, Schiffsreinigungs-Betriebe, Festmacher... Das Unternehmen, das diesen Stamm von Arbeitern jeweils ergänzen kann, heißt »Gesamthafenbetrieb« (GHB). Er hat rund 4000 Arbeiter an der Hand und garantiert ihnen – aus einer von den Hafenbetrieben gespeisten Kasse – einen vollen Wochenlohn auch dann, wenn weniger zu tun ist.
Es steht aber auch noch eine zweite Reserve zur Verfügung. Das sind die rund 1000 Hafenaushilfsarbeiter, die »Unständigen«. Die Vermittlungsstelle für sie ist das Arbeitsamt Hafen in der Admiralitätsstraße, kurz »Admi« genannt. Manche finden sich dort jeden Morgen, jeden Nachmittag oder jeden Abend ein. Manche aber kommen erst, wenn an allen Kais Hochbetrieb herrscht, wenn sie abends im UKW-Nachrichtendienst aufgerufen werden. Auf die Frage, ob sie nun Lebenskünstler sind oder Gescheiterte, wissen die meisten von ihnen wahrscheinlich nicht einmal selbst eine Antwort zu geben.

77: Ankerplatz

Ein wenig verwahrlost, ein wenig enttäuschend sieht der Hafen dort aus, wo dieses Bild entstand. Wohl reiht sich am Johannisbollwerk Laden an Laden, kann Janmaat dort Jumper und blaue Jacken erstehen, hat der Steuermann dort die Möglichkeit, seinen Vorrat an Tauwerk und Blöcken und Schäkeln zu ergänzen, kann der Besucher aus dem Binnenland in den Andenkenschätzen der Küste wühlen...; doch wird nebenan, an den Vorsetzen, in unmittelbarer Nähe der Überseebrücke, noch die Erinnerung an den Krieg wach. In einem Straßenzug, von dem man meinen könnte, er müßte eigentlich der Jungfernstieg des Hafens sein, klafft eine große Baulücke; barackenartige Gebäude und kleine Schuppen erinnern an die Zeit kurz nach 1945; halbmannshohes Gras wächst hinter diesen Schuppen; und selbst das Schiffsausrüstungsgeschäft, vor dessen Tür die Anker liegen, auf dessen Dach ein lustig ausschauender Merkur den Arm in Richtung Himmel und Hafen reckt, erweckt den Eindruck, als ob es nicht recht weiß: ist es hier eigentlich noch am Platze oder nicht?
Das Zwiespältige, das der Fremde dort empfindet, wo er eigentlich nichts als Welthafen erwartet, hat zwei Ursachen. Die eine ist aktueller Natur. Bisher wurde nicht entschieden, ob in dieser Gegend ein zweiter Elbtunnel entstehen soll; deshalb ließ man den Wiederaufbau an Baumwall und Vorsetzen noch in der Schwebe. Die zweite ist bereits Geschichte, und sie ist entscheidend; denn vor genau einem Jahrhundert hat der Hafen begonnen, sich von dieser Gegend fortzuwenden. Als er zum Welthafen wurde, als ein Hafenbecken nach dem anderen in die Inselwelt jenseits des Stromes hineingebaggert wurde, verlor die Straße zwischen dem Steinhöft und den St. Pauli-Landungsbrücken die überragende Bedeutung, die sie bis dahin gehabt hatte. Der Schiffe Mastenwald verschwand von ihren Ufern.
Steinhöft – Baumwall – Vorsetzen – Johannisbollwerk. Wohl kein anderer Straßenzug in der Stadt erzählt mit vier Namen auf nur tausend Meter Länge so viel Geschichte wie dieser. Das Steinhöft und ihr Kontrapunkt Kehrwiederspitze waren einst Bastionen, die die Einfahrt zum mittelalterlichen Hafen der Stadt, dem Niederhafen, schützten. Der Baumwall war das südliche Ende des Küterwalles, der zusammen mit dem Neuen Wall die Stadt gegen Westen abschirmte. Als die Hamburger sich dann den holländischen Festungsbaumeister Johann van Valckenborgh holten und unter seiner Leitung von 1616 bis 1625 neue riesige Wälle aufschütteten, von denen sie dann fast drei Jahrhunderte lang vor einem Einfall bewahrt wurden, da entstanden, den Strom beherrschend, an der Elbe außerdem die Bastionen Johannes und Albertus. »Albertus« ist noch heute eine ansehnliche Höhe, doch kennen die Hamburger sie unter diesem Namen nicht mehr. Sie ist der Platz, auf dem die Jugendherberge steht und heißt »Stintfang«, weil man an ihrem Fuß in der Elbe vorwiegend die Stinte (kleine Fische) fing, die man als Besteck für die Angeln brauchte. Im Gegensatz dazu ist von »Johannes« lediglich der Name lebendig geblieben. Das Johannisbollwerk war außerhalb der Bastion einst die hölzerne Uferbefestigung, an der die Schiffe anlegen konnten. Und die Vorsetzen waren etwas ähnliches: vor das Ufer gesetzte Liegeplätze aus hölzernen Bohlen.
Schon im 17. Jahrhundert wurde der Niederhafen zu klein. So baute man 1642 vor der Kehrwiederspitze noch die Bastion »Hölzern Wams« und verlegte den schwimmenden Baum, der den Hafen abschloß, stromabwärts. 1655 kam, zur noch besseren Verteidigung der Hafeneinfahrt, das auf Pfählen stehende Blockhaus »Neptunus« hinzu. Schließlich wurde das gesamte Nordufer des Stroms bis hin zu den heutigen Landungsbrücken zum Hafen: Brandenburger Hafen, Rummelhafen und Jonashafen entstanden; man grenzte sie gegen die Elbe hin durch Pfähle und schwimmende Balken (Schlengel) ab. Sie boten das berühmte Bild mit den dicht an dicht liegenden Segelschiffen, die mit Hilfe von Leichtern und kleinen Booten gelöscht und beladen wurden. Und die Uferstraße Steinhöft-Baumwall-Vorsetzen-Johannisbollwerk war Stapelplatz für Waren, Versammlungsort der Hafenarbeiter und Einkaufszentrum der Seeleute zugleich.
Noch heute scheint dieser Straßenzug – trotz der ratternden Hochbahn – seiner großen Zeit von damals näher zu sein als dem Welthafen, der ihm den Rücken gekehrt hat – wie auch

der Mann auf dem Bild dem Hafen halbwegs den Rücken zuwendet. Insofern mag man diese Aufnahme sogar als ein Gleichnis werten. Man mag – man muß nicht. Denn der Alte träumt wohl deshalb in Richtung Steinhöft vor sich hin, weil er seine schwachen Augen sonst der gleißenden Sonne ausgesetzt hätte. Und schwerlich bereitet die vergangene Größe seines Ankerplatzes ihm Kummer. Wahrscheinlicher ist, daß die Sorge um die nächste Zukunft ihm viel näher sitzt. Vielleicht wartet er hier nur auf den Abend; darauf, daß »Pik As«, das Asyl für Obdachlose, für die kommende Nacht seine Pforten öffnet.

78: Seine erste Pütz

Bei den Seeleuten ist das Peilen hoch im Schwange. Sie peilen eine Richtung und sie peilen die Wassertiefe, sie peilen den Inhalt eines Tanks, sie peilen das Wetter, sie peilen die Stromverhältnisse und sie peilen das Lotsenboot, generaliter: sie peilen die Lage. Im Hafen peilen sie wohl auch ein kleines Mädchen, was meistens zugleich »Lage peilen« bedeutet. Und wenn Janmaat jemandem den freundlichen Rat gibt: »Peil man nich in de Pütz, min Söhn!« – dann heißt dies, daß der also Angeredete den Kurs lieber nicht in Richtung gefährlicher Untiefen absetzen soll. Doch meint er mit der »Pütz« dann keineswegs eine Pfütze!
Eine Pütz ist etwas anderes, ein kleiner Eimer nämlich, dessen Bügel zum Zwecke des Wasserschöpfens mit einem Tau versehen ist, das in einen Knoten endet. Nota bene: der Knoten ist deshalb da, damit die Pütz so leicht nicht achteraus segeln kann, sondern sicher von der Faust gehalten wird, wenn sie bei Fahrt voraus aufs Wasser aufschlägt und mit elegantem Schwung über die Reeling geholt wird. Und ganz besonders muß angemerkt werden: die Pütz ist das wichtigste Arbeitsgerät des Seemanns; weil es geradezu einem Sakrileg gleichkommt, wenn er an einem Morgen gleich nach Sonnenaufgang mal das Deckschrubben unterläßt. Also dürfte klar sein, was es bedeutet, wenn ein Junge seine erste Pütz Wasser aus dem Hafen heraufgeholt hat.
Das Schiff, auf dessen Deck diese erste Pütz landete, heißt »John Olbers III«. Es lohnt sich, dieses Schiff zu betrachten. Nur wenige Schritt vom Aufgang der Überseebrücke entfernt hat es an den Vorsetzen seinen Liegeplatz. Dieser ist gekennzeichnet durch einen kleinen grauen Schuppen, den das gewölbte Dach als einstigen Eisenbahnwaggon ausweist; daneben steht eine noch kleinere grüne »Laube«, das Kontor. »John Olbers, Cuxhaven, Schiffahrt und Spedition« verkündet eine kaum sichtbare Aufschrift. Der Frachter »John Olbers III« ist von dieser Firma im Liniendienst eingesetzt, auf der Route Hamburg–Cuxhaven. Er erfüllt ein Teil jener Funktion, die auch zu einem Welthafen gehört: die kleinen Orte in seiner Nähe mit allem Nötigen zu versorgen. Er erfüllt sie wie zu Großväters Zeiten. Eben drum ist dieser lütte Pott, den Frachtewern des vorigen Jahrhunderts vergleichbar, so sehenswert. »John Olbers III«, schwarz gestrichen, ist ein Einluken-Schiff und hat einen knallgelben Ladebaum, der eine Tonne heben kann, am einzigen Mast. Außer diesem ragt – achtern – noch der silbrig glänzende Schornstein aus dem Deck heraus; eigentlich ist er nicht mehr als ein etwas windschiefes Ofenrohr. Selbst bei Hochwasser bereitet es keine Schwierigkeit, einen Blick in den Laderaum zu tun; denn niemals ragen die niedrigen Bordwände des Schiffes über die Kaimauer empor. Es trägt kaum mehr, als ein halbes Dutzend Waggons fassen können. Den Vorteil dieser tiefen Lage nutzt man denn beim Laden auch weidlich aus; manche Güter, Säcke und ähnliches, flutschen auf einer Rutsche in den Raum hinunter.
Der Kai an den Vorsetzen paßt zum Schiff. Auch ihm sieht man das Alter an. Sein Pflaster ist im Laufe der Jahrzehnte ziemlich tief weggesackt und sehr holprig geworden. Doch erfüllt er seinen Zweck. Bis an den Rand der Kaimauer kommen die Hinterräder der Lastwagen; so kann der Baum von »John Olbers« die Waren direkt übernehmen. Viele Fahrer aber setzen ihre Güter, weil sie's eilig haben, auf dem Kai ab. Da stehen dann Kisten mit frischem Blumenkohl, mit Tomaten, Pfirsichen und Zitronen, Säcke mit Zwiebeln, Rosinen, Erbsen; da liegen Mehlsäcke, Fässer mit Schmieröl und ein kleiner Motor (der wahrscheinlich in Reparatur gewesen ist); da sind Dosen mit Lack und Farbe aufgereiht, da lagern Betonrohre, Moniereisen, Kästen, Kisten, Kartons, Pakete jeglicher Art und Größe. Kurz, alles, was die Bewohner von Cuxhaven in Hamburg bestellt haben, das können sie sich von »John Olbers« bringen lassen, heute wie vor Jahrzehnten.
Es ist ein seltsames Bild: dieser Güterumschlag nach alter Art, dieses unscheinbare Schiff – und dahinter, nur gut einen Steinwurf entfernt, an der Überseebrücke ein blendendweißer hochragender Musikdampfer.

79: Galionsfigur

Es muß, damit die Lage klar ist, noch einmal vom Peilen die Rede sein. Die junge Dame, die da unter dem Bugspriet des Segelschulschiffes »Gorch Fock« steht (vermutlich ist es eine junge Dame und kein Junge), diese Dame peilt mit dem Sucher der Kamera nicht die Galionsfigur an. Sie peilt ein paar Strich Backbord zur Reeling hinauf, Denn dort stehen – diesmal nicht vermutlich, sondern mit Sicherheit – einige der blauen Jungs, die sich an Bord in christlicher Seefahrt üben.
Die Bundesmarine hat, als sie ihr Segelschulschiff bauen ließ, nicht von der Tradition gelassen, unter dem Bugspriet, jenem Teil des Vorderstevens, der dem weit hinausragenden Klüverbaum Halt gibt, eine Figur anzubringen. Sie ist, unserer Zeit entsprechend zwar etwas Stilisiertes, doch auch wiederum nicht etwas, das man nun gar nicht erkennen kann. Das wäre schließlich gegen die Tradition. Diese Galionsfigur stellt einen Albatros dar. Sie ist knapp vier Meter lang und wiegt dreißig Zentner. Der Bildhauer Heinz Schoeteler hat sie in dreimonatiger Arbeit aus Eschenholz geschaffen.
Albatrosse sind die Riesen unter den Seevögeln und die wohl gewaltigsten Flieger, die es gibt. Ihr Revier ist die Weite der Ozeane. Nur zur Brutzeit – sie legen in jedem Jahr lediglich ein Ei – versammeln sie sich an abgelegenen Küsten auf dem Land. Tauchen können sie nicht. Sie leben von dem, was die Wasseroberfläche bietet. Sie können ihre Beute auch nicht im Fluge aufnehmen, sondern müssen sich daneben niederlassen. Deshalb sind sie ständig unterwegs, sind sie so ausdauernde Flieger, mißt die Spannweite ihrer Flügel bis zu drei Meter, folgen sie gern den Schiffen, um ein paar Abfälle zu erhaschen.
Die Seeleute auf den Windjammern, den großen Seglern, haben sich früher gern den Spaß gemacht, Albatrosse mit einem Köder zu angeln. Aber sie haben ihnen nie etwas zuleide getan, sondern ihre Gefangenen – nicht, ohne dabei einen heftigen Flügelschlag zu riskieren – stets wieder ins Wasser gelassen. Von Deck aus nämlich kann ein Albatros sich nicht in den Himmel schwingen. Er braucht gleich den Schwänen einen langen Anlauf auf der Wasseroberfläche, um genügend Aufwind unter die Flügel zu bekommen.
Galionsfiguren sind wahrscheinlich so alt wie die Seefahrt selbst. Hans Leip hat von ihnen gesagt: »Nichts ist neben der Liebe so schöpferisch wie die Furcht. Die Bugfiguren sind zu ihrem Beginn überall auf der Erde, wo Wasser gefährlich ist und dennoch zum Befahren verlockt, als Fetisch anzusehen, als Talisman, als Zauber und Abschreck gegen die bösen Geister der unüberwindlich tückischen Elemente des Wassers und der Luft.« Schon die ägyptischen Barken führten Löwen- und Bockköpfe am Bug, die Schiffe der Phönizier waren mit Pferdeköpfen geschmückt, die Steven der römischen Fahr-

zeuge mit Abbildungen der Göttinnen und auch mit Köpfen von Widdern und Ebern. Die hoch aufragenden Vorder- und Hintersteven der Wikingerschiffe endeten in furchterregenden Drachenköpfen, und das Flaggschiff der Hamburger im Kampf gegen die Seeräuber, die »Bunte Koh vun Vlandern«, die einem alten Lied zufolge die Kaper der Seeräuber auf die Hörner genommen hat, soll tatsächlich einen gehörnten Rinderkopf als Bugzier gehabt haben.

Die Zeit jener Galionsfiguren, die wir Heutigen kennen, von denen allerdings nur sehr wenige in Museen und Privatbesitz übrig geblieben sind, kam erst nach den Jahrhunderten der Hanse. Als die hochbordigen und äußerst breiten, für eine große Mannschaft auch vorn und hinten kastenförmig gebauten Koggen von den Meeren verschwanden, als die Segler ranker wurden und den ausladenden Vordersteven erhielten, da fand man darunter den Platz für »Neptuns hölzerne Engel«. Doch führten die Briggs und Barken, die Vollrigger und Schoner keineswegs nur Göttinnen und Musen am Bug; auch Tiere standen den Figurenschnitzern an der Wasserkante nach wie vor Modell, und selbst Friedrich Schiller schwebte über den Wellen dahin. Star aller Galionsfiguren aber blieb Fortuna, die Glücksgöttin.

Die eisernen Dampfer, die an ihrem senkrechten Steven keinen Platz hatten, brachten das Ende der hölzernen Talismane. Zwar gibt es auch heute in der Welt noch (oder wieder) einige Reeder, die den Bug ihrer Schiffe mit einer Figur oder Allegorie schmücken, doch ist ihre Zahl gering. Manche Reedereien allerdings lassen ihre Schiffe unter dem Wappen des Heimathafens fahren. Die Zeit aber, da die europäische Volkskunst den Seeleuten vollbusige Glücksgöttinnen mit auf die Reise gab, ist vorbei.

Das nicht nur deshalb, weil die Schiffe keine Galion mehr haben. Der Sinn für die Figuren hat sich überlebt.

Trotzdem sei hier dargelegt, warum die Schiffe keine Galion mehr besitzen. Deutlich wird das, wenn man erläutert, wozu sie einst diente. Die Galion nämlich, an der die Bugfigur befestigt wurde, ist nicht, wie man es zuweilen lesen kann, ein Vorbau gewesen, auf dem der Bugspriet ruht. Sie war etwas anderes. Zitieren wir ein seemännisches Handbuch: »Eine Galion war am Bug der alten hölzernen Schiffe ein Vorbau, der für gewisse Zwecke benutzt wurde, als es noch keine WC's gab«.

Ein Schelm sei, wer daraus schließt, die Galion habe eine Verzierung oder Verbrämung denn ja auch bitter nötig gehabt!

80: Ragende Riggen

81: »Gorch Fock« läuft aus

Auf einem Segler ist der Seemann dem Wind und den Wellen näher als auf jedem anderen Schiff; und nirgendwo sonst in der Seefahrt wird einem jungen Menschen so eindringlich klar, was es heißt, eine Mannschaft zu sein. Das sagen die Befürworter der Segelschiffsausbildung, und unrecht haben sie gewiß nicht. So legte die Bundesmarine trotz des »Niobe«-Unglücks, das am 26. Juli 1932 im Fehmarnbelt 69 Todesopfer forderte und trotz der »Pamir«-Katastrophe, bei der am 21. September 1957 im Atlantik 80 Seeleute ertranken, im Jahre 1958 bei Blohm & Voß einen Segler auf Stapel und taufte ihn auf den Namen »Gorch Fock«, zu Ehren des in der Skagerrak-Schlacht (1916) gefallenen Finkenwerder Fischersohnes Johann Kienau, der als Gorch Fock den berühmten Roman »Seefahrt ist not« geschrieben hat.

Die Bark hat sich auf vielen Fahrten bewährt, sie hat vielen hundert angehenden Maaten und Seeoffizieren einen ersten und entscheidenden Begriff von Wasser und Sturm vermittelt, hat die Schiffsjungen gelehrt, was das alte Seemannswort »een Hand för di un een Hand fört Schipp« bedeutet, und sie hat sich auch als Good-Will-Botschafter in zahlreichen Häfen einen Namen gemacht. Die New Yorker zum Beispiel bereiteten ihr und der Besatzung einen Empfang, wie er sonst nur einem großen neuen Ozean-Liner zukommt – mit Sirenenkonzert, Fontänen der Feuerlöschboote, kreisenden Hubschraubern, ungezählten Booten und einer riesigen Menschenmenge an Land.

Die »Gorch Fock« ist als Bark getakelt (aufgeriggt). Ihre beiden vorderen Masten, Fockmast und Großmast, haben je fünf Rahsegel, während am Achtermast, dem Besan, drei Schratsegel gefahren werden. Vier Vorsegel und je drei Stagsegel zwischen den Masten können außerdem gesetzt werden. Das macht eine Segelfläche von 1964 Quadratmeter. Das Schiff ist bis zum Bugspriet fast neunzig Meter lang und mißt in der Breite gut zwölf Meter. Es hat eine Wasserverdrängung von 1760 Tonnen. An Bord ist Platz für eine Stammbesatzung von 70 Mann sowie für 200 Kadetten.

Die »Gorch Fock« ist stählern vom Kiel bis zur Spitze der Masten, die eine Höhe von 40 Meter über Deck erreichen. Kentern kann das Schiff nicht, sagen die Experten. Mehr als 350 Tonnen fester Ballast sollen dafür sorgen, daß es sich selbst dann noch wieder aufrichtet, wenn es 90 Grad Schlagseite hat, also platt auf dem Wasser liegt. Die Öffnungen der Decks liegen der Sicherheit wegen in der Mitte des Schiffes, und für die Navigation sind die modernsten Geräte an Bord. Auch ein Meteorologe fährt mit.

Bei steifer Brise und unter vollem Zeug hat die »Gorch Fock« schon ihre zwölf bis dreizehn Knoten Fahrt gemacht. Das ist eine Geschwindigkeit von beinahe fünfundzwanzig Kilometer in der Stunde. Wenn sie auf Flüssen oder Kanälen keine Segel setzen kann oder wenn kein Lüftchen weht und auch alles An-den-Mast-Kratzen keinen Wind herbeizaubert, dann hat ihr Kommandant noch die Möglichkeit, zum Maschinentelegraphen zu greifen, Denn einen Motor besitzt der Segler auch. Er leistet 800 Pferdestärken und ist gut für eine Fahut von zehn Knoten.

82: Dunst

Es ist diesig, sagt man an der Küste, wenn Dunst über der See liegt, wenn Wasser und Himmel eins sind, wenn die Kimm verschleiert ist von einem leichten Grau, in dem die Schiffe Schemen gleich und wie schwerelos dahinzugleiten scheinen. Und es gilt festzuhalten: das Wort »diesig« steht für sich, für einen ganz bestimmten Zustand; ihm fehlt das Pendant des Substantivs, und es läßt sich nicht steigern. Im Hafen ist es, anders als auf See, nur ganz selten diesig, obwohl fast immer Dunst über den Kais liegt. Aber dieser Dunst ist vielschichtig, ist schwer. In ihn mischt sich das Blau und Grau und Schwarz aus tausend Schornsteinen von Schiffen und Fabriken. Und die Sonne malt dem Frühaufsteher darin eine wunderbare pastellene Palette, in der nicht das Rot ihrer ersten Strahlen, sondern das schweflige Gelb den Ton angibt. Doch ist dieses Farbenspiel von nur kurzer Dauer. Bald danach ist wieder das Grau die beherrschende Farbe.

83: Dienst ist Dienst ...

84: Kanonen-Schaukel

Hamburg ist niemals ein Marinehafen gewesen. Die kanonenbestückten Schiffe, die der Stadtstaat in seiner vielhundertjährigen Geschichte gebaut hat, lassen sich ziemlich schnell aufzählen. Es waren vornehmlich jene, mit denen man zu Beginn des 15. Jahrhunderts in einem mehrere Jahrzehnte währenden Kampf die Seeräuber unschädlich machte; und es waren im 17. und 18. Jahrhundert ein paar Konvoischiffe, die man zum Schutz der Kauffahrteifahrer gegen die maurischen Barbaresken baute, die in der Biskaya, an der portugiesischen Küste und im Mittelmeer Piraterie betrieben. Die be-

rühmtesten dieser Konvoischiffe – Geleitkreuzer würde man sie heute nennen – waren neben »Leopoldus Primus« nacheinander die vier »Wappen von Hamburg«. Von der hamburgischen Admiralität, an die noch heute die Admiralitätsstraße erinnert, darf man gleichfalls nicht auf kriegerische Ambitionen schließen. Sie war die Schiffahrtsbehörde, der natürlich auch die Konvoischiffe und das für deren Ausrüstung notwendige Zeughaus unterstanden.
Hamburg war weder im Bismarck-Reich noch zwischen den Weltkriegen Heimathafen für deutsche Kriegsschiffe. Die Stadt ist es auch nach 1945 nicht geworden und wird es nicht werden. Doch schließt das nicht aus, daß man im Hafen Kriegsschiffe sehen kann. Auf einigen Werften werden Geleitboote und Zerstörer gebaut, vor allem aber: die Hansestadt ist zu einem anscheinend mehr als beliebten Ziel für Kriegsschiffe befreundeter Nationen geworden. Ganze Flottenverbände haben schon nach anstrengendem Seetörn für acht bis vierzehn Tage an der Überseebrücke gelegen. Stets ist ein solcher Freundschaftsbesuch ein großes Fest für beide Seiten. Die Sailors besichtigen die Stadt, den Hafen und die Werften, und sie erholen sich in der Umgebung und auch wohl auf St. Pauli; die Hamburger strömen zu Tausenden herbei, um einen Blick in die riesigen Hangars von Flugzeugträgern und in das karge Bordleben von Matrosen zu tun.
Als der 37 000 Tonnen schwere britische Träger »Victorious« im Hafen lag, als sich zweimal 8000 zur Besichtigung schubsten, als beide Male fast 4000 an Bord waren, als an die 150 Polizisten – etliche sogar zu Pferde – anrücken mußten, um den Ansturm in Grenzen zu halten, da meinte man, nun sei der Höhepukt der Begeisterung erreicht. Doch kam es noch ganz anders. Das war, als der US-Carrier »Essex«, 40 000 Tonnen groß, für zwei Wochen festmachte. Da drängten sich an den Vorsetzen jeweils 10 000 bis 15 000 Hamburger. Und als die »Essex« wieder auslief, als ihre Matrosen sich auf dem 275 Meter langen Deck zu einem riesigen TSCHÜSS formierten, da verzeichnete das Bordjournal einen Rekord. Fast 30 000 Besucher waren durch die Decks gezogen. Noch hinterher sagten die Amerikaner, die sich von Riesenzahlen doch eigentlich so leicht nicht verblüffen lassen, kopfschüttelnd: »Impossible ...«
Zu den Bildern: Der so martialisch aussehende Posten mit dem aufgepflanzten Bajonett (Tradition ist eben Tradition, in jeder Marine der Welt) stand an der Gangway des US-Flugzeugträgers »Essex«; und die Schaukel an den Zwillingsrohren einer Zwölf-Zentimeter-Kanone wurde eigens für die Hamburger Deerns und Jungs von den Matrosen des schwedischen Zerstörers »Hälsingland« erfunden.

85: Farbe malen

Der Umgang mit Pinsel und Farbe ist des Seemanns häufigste und liebste Beschäftigung. Ein Schiff muß an allen Ecken und Enden blitzen. Die Farbe ist seine Visitenkarte; an der Farbe erkennt man häufig schon von fern, wes Reeders Dampfer da aufkommt. Sie ist zugleich das Etikett der Besatzung. Ein Schiff, das gut unter Farbe ist, hat mit Sicherheit auch eine gute Mannschaft.
Schmuck ist die Farbe eines Schiffes erst in zweiter Linie. Vor allem anderen ist sie Schutz. Sie schützt Stahl und Holz vor Seewasser und Regenwasser, vor sengender Sonne und vor mancherlei mechanischer Abnutzung. Sie bietet dem Rosten Einhalt, und sie bewahrt das Unterwasserschiff vor einem allzu starken Bewuchs. Die Farbe ist die beste Sparkasse des Reeders. Nicht von ungefähr gibt es an der Wasserkante für einen alten Schlurren, dessen Platten im Laufe der Jahrzehnte schon ziemlich dünn geworden sind, das Wort: »Zusammengehalten nur noch von Rost und Farbe ...«
Die Herstellung von Schiffsfarben ist die Angelegenheit einiger weniger Spezialfirmen. Und sie ist ein Buch mit sieben Siegeln, das von diesen Unternehmen sehr sorgsam vor jedem fremden Auge gehütet wird. Abgesehen davon, daß heute jeder Reeder seine ganz speziellen Farbtöne verlangt (früher war's einfacher, da gab's im wesentlichen nur schwarze Schiffe mit weißen oder braunen Aufbauten und rotem Unterwasserteil). – Schiffsfarben sind zugleich komplizierte chemische Stoffe, jeweils für einen bestimmten Zweck »gemixt«. Das gilt ganz besonders für die Unterwasserfarben.
Zwar braucht ein eisernes Schiff, anders als die hölzernen Jachten und Fischkutter, den im Salzwasser lebenden Bohrwurm nicht zur fürchten. Aber da ist der Bewuchs. An einem schlecht unter Farbe stehenden Unterwasserschiff setzen sich in tropischen Gewässern die weiß-grauen krebsartigen Seepocken (Balaniden), die bis zu 25 Zentimeter groß werden, in wenigen Wochen in solchen Mengen fest, daß sie die Fahrt bis zu 30 Prozent verringern können. Das bedeutet auf der einen Seite Zeitverlust und auf der anderen einen erhöhten Brennstoffverbrauch.
Der zweite große Gegner einer glatten Schiffshaut sind die Algen; sie können dem Rumpf schnell einen Bart von einem Meter Stärke wachsen lassen, einen Bart, der bis zu zwei Meter unter die Wasserlinie reicht – tiefer allerdings nicht, weil Algen ziemlich viel Licht benötigen. Im Gegensatz zu ihnen gedeihen die Seepocken auch in der Dunkelheit, und sie haben noch einen weiteren Nachteil: sie sind der Siedlungs- und Nährboden für vielerlei anderes Zeugs. Insgesamt kennt man weit mehr als hundert Arten von seßhaften Seetieren und pflanzlichem Bewuchs.
Dagegen hilft, wenn auch nicht hundertprozentig, so doch weitgehend, die Schiffsbodenfarbe. Sie wird im Dock stets doppelt aufgetragen. Zunächst kommt der erste Anstrich; er schützt die Stahlplatten gegen das Rosten. Dann folgt der zweite Anstrich: die Farbe mit den chemisch wirksamen Mitteln, die den Bewuchs töten. Kein Wunder also, daß die Reeder ihre Schiffe regelmäßig docken lassen, um den Bodenanstrich erneuern zu lassen.
Und noch eins. Schiffsbodenfarben aus Hamburg haben seit Jahrzehnten Weltruf. Dafür ein Beispiel aus dem ersten Weltkrieg. Da wurde der Erste Seelord der britischen Admiralität in der Öffentlichkeit und im Parlament stark angegriffen, weil die Schiffe Seiner Majestät, die gegen die Deutschen Krieg führten, weiterhin mit Unterwasserfarben eben dieser Deutschen (des Londoner Zweigbetriebes der hamburgischen Firma Höveling) gestrichen würden. Sir Winston Churchill wehrte sich mit einem Argument, auf das es keine Erwiderung gab: »Die Farben der Deutschen sind so gut, wir können darauf nicht verzichten.«

86: Hafen-Alltag

Knarrend reibt sich der Ponton zwischen den Pfählen. Leicht schwankt er hin und her. Vom Roß im Süden und von Steinwerder im Norden lärmen die Werften herüber. Zwei kurz brummt plötzlich der tiefe Baß des einkommenden Frachters dazwischen. Zwei kurz antworten die Schlepper, heller und noch etwas knapper. Verstanden heißt das. Und schon tauen sie den Bug nach Backbord hinüber, in Richtung Ellerholzhafen.
Es scheint, als ob die Sonne durchkommen will. Möglich aber auch, daß sich gleich wieder eine dicke Wolke davorhängt. Die Frau, die da ein wenig verloren zwischen den Männern auf dem Ponton steht, wird das kaum stören. Nun, soll sie, wird sie denken und damit die dicke Wolke meinen. Man ist es ja nicht anders gewohnt ...
Möglich, daß ihr solcherlei kurz in den Sinn kommt. Wahrscheinlich aber nehmen ihre Gedanken einen ganz anderen Kurs:

Wetter? Hoffentlich haben sie unterwegs nicht so viel Sturm. Vier Monate ist er nun wieder fort. Und in Ostasien gibt's Taifune. Er lacht, wenn ich davon spreche. ‚Den können wir ab', sagt er. Oder: ‚Wir fahren einfach drumherum; der Alte versteht was davon.' Ob die Sonne doch noch? Ist ja auch egal. Fähre VII dreht ja schon heran ...

87: Abschied

In der christlichen Seefahrt spielen die Frauen keine Rolle. Um so mehr jedoch bei den Janmaaten. Das erkennt man bei einem Blick in ihre Unterkünfte an den Bildern, das sieht man am Kai, wenn ein Schiff abfährt.
Frauen, die einen Seemann heiraten, ziehen wohl niemals das große Los. Wie sollen sie es auch! Denn die meiste Zeit ihres Lebens heißt warten. Warten zu Hause, warten im Hafen auf die Ankunft des Schiffes, warten vielleicht an der Schleuse des Nordostseekanals, um für eine Viertelstunde ein paar Worte zu wechseln ...
Frauen dürfen allenfalls ein Schiff taufen. Die Probefahrt ist für sie schon wieder tabu. Und nur als gut zahlende Passagiere sind sie wohlgelitten an Bord.
Trotzdem sollte man den Einfluß, den die Frauen auf die christliche Seefahrt ausüben, nicht unterschätzen. Wer zum Beispiel in der Zeitung eine Anzeige liest, in der es heißt: »Kapitän, in ungekündigter Stellung, sucht entsprechende Beschäftigung an Land«, wer etwa einen Matrosen sagen hört: »Nu is Fierobend, na düsse Reis bliew ick in Hamborg« – der darf sicher sein: fast immer steckt die Frau dahinter, die ihren Mann für dauernd zu Hause haben möchte.
Die Frauen vor allem bewirken die große Fluktuation in der Seefahrt. Doch sollte man darüber nicht lamentieren. Dieses Abwandern hat es immer gegeben, und Matrosenarbeit verlangt nun einmal junge, kräftige Arme. Schließlich hat der Abschied, den ständig so viele von der Seefahrt nehmen, auch seine gute Seite. Wie anders sollte der Hafen zu den zahlreichen befahrenen Leuten kommen, die er an seinen Arbeitsplätzen benötigt?

88: Kahnschiffer haben es besser – die Frau fährt mit

Nicht alle Häfen haben graue Kaimauern und ragende Kräne. Viele auch sind von grünen Böschungen umsäumt. Dort haben die Elbschiffer ihre Liegeplätze, sind sie sozusagen unter sich. Kaum ein Fremder verirrt sich je dorthin. Wie ein Ei dem anderen gleichend, liegen die flachen Lastkähne an den Wassertreppen, warten auf Ladung (die sie häufig direkt aus den Überseefrachtern übernehmen) oder dienen – in schlechteren Zeiten – als Getreidelager. Große Nummern stehen an Bug und Heck. Aber die Schiffe haben auch Namen. »Emma« oder »Marie-Louise« heißen sie, vielleicht »Duisburg« oder »Hamborn«, einige sogar »Sturmvogel« oder »Seeadler«, obwohl sie niemals Aussicht haben, sich in Sturm und See zu bewähren.
Die auf den Elbkähnen zu Hause sind, sprechen nur selten das Hamburger Platt. Ihre Dialekte sind anders gefärbt. Die Dörfer und Städte, aus denen sie stammen, liegen fast alle hinter den Elbdeichen zwischen Lauenburg und Magdeburg. Dort pflegten sie schon als Jungen mit Trögen und kleinen Booten auf dem Strom zu schippern, und kein Elbschiffer stellte dort seinem Sohn die Frage, was er denn werden wolle. Darüber brauchte man nicht zu reden. Für viele dieser Elbschiffer ist Hamburg nach 1945 die zweite Heimat geworden. Sie wollten selbständig bleiben, Herr auf eigenem Schiff, zumindest Teilhaber, Partikuliere, wie sie sagen. Und so kommt es, daß die Planken des Kahns vielen nebenbei auch das Häuschen ersetzen müssen, das sie in der Sowjetzone hinter den Deichen besaßen.
Die Elbeschiffahrt ernährt nicht mehr so sicher ihren Mann wie einst. Das macht die Konkurrenz der Lastwagen, und das macht außerdem die Zonengrenze. Früher waren sie vor allem Stückgutfahrer, heute befördern sie fast ausschließlich Massengut: Kies und Sand, Brennstoff, Schrott, Getreide, Dünger, Baumaterial, Mineralöl, Futterstoffe ... Und: während bis 1945 die gesamte Elbe, die Saale sowie die Wasserwege nach Berlin und bis zur Oder ihr Revier waren, gibt es heute so gut wie nichts mehr in die Zone zu fahren, und die Tschechen haben ihre eigene Flotte. So ist da nur noch der Berlin-Verkehr, ist da vor allem der Nahverkehr mit Lauenburg, den niedersächsischen Oberelbehäfen und Lübeck. Viele auch fahren über den Mittellandkanal nach Westdeutschland, und nicht wenige gibt es, die haben der heimatlichen Elbe ganz den Rücken gekehrt, sind zum Rhein abgewandert. Überhaupt – sie gehören zu den letzten Nomaden unserer Zeit. Sie nehmen die Ladung, wo sie sich bietet, und schon immer ist es Brauch gewesen, die Frau mitfahren zu lassen. Die Kinder kamen und kommen eben zu Beginn der Schulzeit in die Obhut der Großmutter, heute wohl auch in ein Heim.
Aus den Kähnen, die von Schleppern gezogen wurden und talwärts mit Wind und Strömung allein auskamen, sind mehr und mehr »Selbstfahrer« geworden, Gütermotorschiffe, wie die etwas umständlichere Fachsprache sie nennt. Doch hat die Motorisierung auf der Elbe ihre Schwierigkeiten. Die Rheinfahrt sei, messe man sie an der Elbefahrt, das reinste Kinderspiel, sagen die Schiffer. Nur selten hat die Elbe – ausgenommen auf der Strecke oberhalb der Geesthachter Staustufe – genügend Wasser, dafür jedoch Sandbänke mehr als genug. Häufig kann ihr Siebenhundert-Tonnen-Schiff nicht einmal voll beladen werden. Sie warten deshalb auf den Bau des Nord-Süd-Kanals, der den Weg zum Mittellandkanal und damit ihre Wasserstraße sowohl in Richtung Osten als auch in Richtung Westen verkürzen und verbessern soll.
»Es muß anders werden, wenn wir auf die Dauer konkurrieren wollen«, sagen die Elbschiffer. An Bord ist bereits manches anders geworden. Jene, die einen Motor haben, konnten die Petroleumlampe in die Ecke stellen. Radio besitzen sie alle, fließend Wasser auch. Doch nach wie vor gackern Hühner und grunzen Schweine an Deck, schmücken blühende Blumen das blitzsaubere Ruderhaus, blähen sich weiße Unterhosen im Wind. Und von dieser Sitte haben sie gleichfalls nicht gelassen: noch immer ist auf den Binnenschiffen jedermann sein eigener Koch. Ganz gleich, ob Junge, Decksmann oder Schiffsführer (der in ihrer Sprache Steuermann heißt) – jeder setzt seinen eigenen Topf aufs Feuer. Auch auf den vielen Schiffen, auf denen der Steuermann seine Frau an Bord hat, muß die Besatzung selbst sehen, wie sie satt wird.

89–90: »Hanseatic«, Hamburgs Flaggschiff

Am Anfang waren da nichts als die aus drei Schloten qualmende und zum Verkauf stehende britische Schiffsdame »Empress of Scotland« und die Idee eines sehr jungen, gerade dreißig Jahre alten Mannes, den es des Temperaments wegen beizeiten von der Schulmeisterei ins Schiffahrtsgeschäft gezogen hatte. In Hamburg hielt dieser junge Mann die Verbindung zwischen seinem Reeder Vernicos Eugenides und der Hamburg-Amerika-Linie, die den Home-Liner »Italia«, ein schon ziemlich betagtes, zwischen Cuxhaven und New York verkehrendes Passagierschiff von 22000 BRT, betreute. Der Mann heißt Axel Bitsch-Christensen, und gegen seine Idee, die Dame »Empress of Scotland« zu erwerben und wieder zum hochmodernen Atlantik-Liner zu machen, zum Flaggschiff der hamburgischen Flotte, standen tausend Tonnen Skepsis. Einig wußte er sich vornehmlich nur – »Im

Grunde seid ihr schuld daran, denn ihr habt's ja immer wieder geschrieben!« – mit ein paar Journalisten, und das ergab letzten Endes einen Wert gleich null, denn die brauchten ja das Risiko nicht zu tragen. Und schon gar nicht hatten (und haben) sie etwas auf der Naht.

Aber da waren eben Temperament und Geschick, da war soviel Energie wie Liebenswürdigkeit, und so bekam der junge Mann das Kunststück fertig, die entscheidenden Leute unter einen Hut zu bringen und dem damaligen Bürgermeister Max Brauer einer Bürgschaft wegen klarzumachen, daß sein alter Traum – wieder ein großer Ozeandampfer unter hamburgischer Flagge! – Wirklichkeit werden könne. So ließ er denn aus verschiedenen Quellen zwölf Millionen für die »Empress« und dazu gut die doppelte Summe für die notwendige Radikal-Verjüngungskur der noch äußerst stabilen Dame zusammenfließen, und am 21. Juli 1958 war es so weit: da schickte die neugegründete Hamburg-Atlantik-Linie der Hanseaten aller Stolz, die 30000 BRT große »Hanseatic«, auf die zweite Jungfernreise ihres Lebens, und Zehntausende von Hamburgern ließen sich das Schauspiel nicht entgehen.

Stolz sein, das muß betont werden, konnten an diesem Tag auch die Howaldtswerke Hamburg, die den Umbau des Schiffes – Vorder- und Achtersteven neu, ein siebentes Deck aus Leichtmetall obendrauf, neue Schornsteine, eine Klimaanlage, neu gestaltete Gesellschaftsräume und Kabinen – in genau sechs Monaten geschafft hatten, ohne vorher von diesem Dampfer mehr zu wissen als den Termin der Indienststellung. Selten wohl ist ein Schiff auf einer Werft ein solcher Ameisenhaufen gewesen wie die »Hanseatic«; zeitweise werkten nicht weniger als 2000 Mann in ihren Decks.

Inzwischen ist die »Hanseatic« mit dem stilisierten (nur dreigezackten) weißen Hanseatenkreuz in den beiden roten Schornsteinen auf dem Nordatlantik längst zu einem Begriff geworden. Im Winter kennt man sie in den USA als das »Vergnügungsschiff der guten Laune«, das in der Caribischen See kreuzt, und mancher erinnert sich auch mit Freuden an ihre Silvester- und Nordlandfahrten. Der Vollständigkeit halber sei erwähnt, daß die »schöne Hamburgerin« 206 Meter lang und 29 Meter breit ist und daß sie einen Tiefgang von neun Metern hat. Ihre 34000 PS aus den gleichfalls erneuerten Turbinen schaffen eine Dienstgeschwindigkeit von 20 Knoten (37 Kilometer in der Stunde), und 450 Mann (die Stewardessen mitgerechnet) sorgen für eine sichere Überfahrt und für das Wohl der Fahrgäste. 85 können es in der ersten Klasse sein, 1191 in der Touristenklasse.

Nicht zuletzt die »Hanseatic« – unsere Bilder zeigen sie am Steubenhöft in Cuxhaven und beim Wenden im Strom zu nächtlicher Stunde – hat bewiesen: die Passagierschiffahrt ist nicht tot. Noch immer gibt es genügend Reisende, die eine Urlaubsfahrt im schwimmenden Hotel dem schnellen Flug vorziehen, die das Nützliche mit dem Angenehmen der Erholung verbinden. Sogar Bürgermeister Nevermann hat sich einmal in diesem Sinne geäußert. »Mach mal langsam – fahr mit der Hanseatic!« sagte er, um vorsichtigerweise, denn es waren auch Journalisten an Bord, gleich hinzuzufügen: der Leitspruch für die Arbeit des Senats solle das natürlich nicht sein.

91: Tanker im Schwimmdock

92: Die Schraube muß los

Frei nach »He Lücht«, der alles zu erklären weiß, ist ein Schwimmdock deshalb ein Trockendock, weil die Schiffe darin auf dem Trocknen steh'n. Womit gesagt ist: wer in das Kapitel »Docks« einsteigt, kommt um einige Schwierigkeitsgrade nicht herum. Seien wir also ein wenig schulmeisterlich! Ein Schwimmdock und ein Trockendock – das sind zwei ganz verschiedene Dinge.

Schwimmdocks sind pontonartige, mit Seitenwänden versehene und in zahlreiche Zellen unterteilte Kästen. Flutet (füllt) man diese Zellen oder Tanks, dann senkt sich das Dock bis auf den Grund der Elbe hinab, und das Schiff kann hineinfahren. Lenzt man sie (pumpt man sie wieder leer), dann hebt sich das Dock mitsamt dem Schiff, das dabei auf eine Reihe von Klötzen, die Kielpallen, gesetzt wird und schließlich zwischen den Seitenwänden frei liegt wie auf dem Land.

Ein Trockendock dagegen ist einem ausbetonierten Hafenbecken vergleichbar, das an der Wasserseite eine Art Schleusentor hat. Man schließt dieses, wenn das Schiff eingefahren ist und pumpt darauf das Wasser heraus. Im Hafen gibt es nur ein einziges Dock dieser Art, doch zählt es zu den größten Trockendocks in der Welt. Es ist »Elbe 17«, das im letzten Krieg gebaut wurde. Es hat eine nutzbare Länge von 326 und eine lichte Weite von 56 Metern. Die Ausmaße reichen für das Bauen und Reparieren von Tankern, die 100000 und noch mehr Tonnen tragen.

Alle anderen Docks im Hafen, 29 an der Zahl, sind Schwimmdocks. Sie bieten zwei Vorteile. Die Schiffe können unabhängig vom Wasserstand der Tide jederzeit einfahren; und das Eindocken geht schneller vor sich als im Trockendock. Nicht zuletzt darauf aber kommt es an. Denn das Docken kostet, mit den Augen des Reeders betrachtet, doppeltes Geld: zu den Kosten für die Arbeit der Werft kommen noch jene hinzu, die der Zeitverlust bringt.

Ein Schiff muß von Zeit zu Zeit ins Dock wie ein Auto zur Inspektion. Das heißt, ein Dock wird nicht nur benötigt, wenn eine Kollision, Strandung oder schwere Brecher Schaden angerichtet haben. Schiffe leisten stets Schwerarbeit, auf See wie im Hafen beim Laden und Löschen. Da nutzt sich eben manches ab. Nicht zuletzt müssen sie stets gut unter Farbe sein.

Schwimmdocks aber sind, wenn der Vergleich mit den Autos noch einmal gestattet sei, nicht nur Hebebühnen. Sie sind zugleich vielfältig eingerichtete Werkstätten. Kräne fahren auf ihren Seitenwänden; und in diesen, den Dockbänken, ist nicht allein der komplizierte Mechanismus für das Heben und Senken – Pumpenanlage und Steuerstand – verborgen, sie enthalten auch ein ziemlich großes E-Werk; denn ein Schiff, das im Dock liegt, muß häufig alle Maschinen stillegen, es muß jedoch weiterhin mit Strom versorgt werden. Strom auch brauchen die Schweißgeräte der Werftarbeiter, die an Bord kommen.

Das größte Schwimmdock im Hafen ist das 30000-Tonnen-Dock der Deutschen Werft. Die Zahl bedeutet: es hebt noch ein Schiff von 30000 Tonnen Gewicht. Anders ausgedrückt: Tanker, die etwa 65000 Tonnen Ladung tragen können, finden darin Platz. Entsprechend sind die Ausmaße; es ist 226 Meter lang und 47 Meter breit; die lichte Weite zwischen den Dockbänken beträgt 38 Meter. Rund 7000 Tonnen Stahl wurden für den Bau dieses Docks benötigt, seine Schweißnähte haben eine Gesamtlänge von 250 Kilometern, 8000 Meter Rohrleitungen und 25000 Meter Kabel sind darin verlegt; und für den Anstrich benötigte man mehr als 200000 Kilogramm Farbe.

Der Bodenkasten ist von drei Längs- und fünf Querschotten in 24 Ballastzellen unterteilt. Sie fassen insgesamt 40000 Tonnen Wasser. Sechs Pumpen schaffen es, diese Menge in zweieinviertel Stunden herauszudrücken. Was bedeutet: selbst ein Riesenfrachter liegt gut zwei Stunden, nachdem die Schlepper ihn hineinbugsiert haben, trocken auf den Pallen – die Arbeit kann beginnen. Die beiden Kräne heben je 15 Tonnen, und das E-Werk in den 4,50 Meter breiten Dockbänken, ausgerüstet mit Anlagen für Gleich- und Drehstrom, nimmt eine Länge von zweimal 35 Meter ein. Eine

Frischwasserleitung und Feuerlöschanlagen sind auch vorhanden. Der Dockmeister verfügt über eine Besatzung von zwanzig Mann.
Ein besonderes Problem war es, diesen Riesenkasten zu verankern, ihn gegen Strömung und Winddruck absolut sicher festzulegen. Man staune: zwei Dalben, je ein Stahlrohrpfahl, genügen dafür; daran ist der Koloß so befestigt, daß er zwar auf- und abgleiten kann, im übrigen aber keine Bewegungsmöglichkeit hat. Die Mannesmann-Werke mußten für die Fertigung dieser beiden Röhren, deren Ausmaße es bis dahin nicht gegeben hatte, ihr ganzes Spezialkönnen aufbieten. Immerhin sind es Pfähle von 1,5 Meter Durchmesser, sechs Zentimeter Wandstärke, gut 37 Meter Länge und 65 Tonnen Gewicht. Man rammte sie auf den Dezimeter genau ...
Als der alte Stülcken in Hamburg das erste Schwimmdock in Dienst stellte, da brauchte man sich um die Verankerung solche Sorgen nicht zu machen. Ein paar Holzdalben und Ketten genügten. Denn man begann mit bescheidenen Ausmaßen; 63 Meter lang und 18 Meter breit war dieses Dock. Viel länger jedoch waren auch die größten Schiffe jener Zeit nicht. Denn es verdient festgehalten zu werden: H. C. Stülcken ging das technische Wagnis, ein Schwimmdock zu bauen, aus Holz natürlich, bereits im Jahre 1858 ein, vor mehr als einem Jahrhundert also. Er verschaffte den Hamburgern damit den Ruhm, auf dem Kontinent das erste Dock dieser Art zu besitzen, und man nannte es damals ein »schwimmendes Trockendock«. He Lücht, der flotte Erzähler des Hafens, hat also mit seiner Ausdrucksweise, das muß man ihm zugestehen, gar so unrecht wiederum nicht. Zumindest ist er ein historisch gebildeter Mann.

93: Hellingkräne

94: Werftarbeiter

95: Eine Sektion

Im Schiffbau war es wie bei der Fabrikation der Autos: das Fließband stand erst am Ende einer langen Entwicklung. Das Fließband auf der Werft? Man darf es nicht wörtlich nehmen, aber man darf – man muß sogar – diesen Ausdruck gebrauchen; denn im Prinzip entsteht ein Schiff heute wie ein Auto. Es wird aus vielen vorfabrizierten Teilen zusammengesetzt. Die Helling (der Helgen), auf der dies geschieht, ist die Freiluft-Montagehalle.
Lange Zeit baute man die eisernen Schiffe wie Jahrhunderte vorher die hölzernen. Man richtete auf dem Helgen die stählernen Spanten auf, verband sie mit den längslaufenden Bauteilen, den Stringern, und dann wurde Platte auf Platte angefügt; so formten sich Schotten, Decks und Außenhaut. Die Niethämmer ratterten unaufhörlich ihr Lied. Für das Heranbringen der vielen Einzelteile brauchte man etliche kleine Kräne; das Bild einer Großwerft wurde deshalb bestimmt von den riesigen Helgengerüsten mit den »Laufkatzen«, wie sie die Deutsche Werft auf Finkenwerder, die Howaldtswerke und die Stülckenwerft auch jetzt noch besitzen.
Heute geben die Schweißapparate zischend den Ton an. Die flinken Laufkatzen arbeiten nur noch gemeinsam, denn sie haben schwere Lasten zu schleppen; bis zu zehn setzt man mit Hilfe eines Traggestells aus Leichtmetall gleichzeitig ein, wenn es die schweren Bauteile zu befördern gilt. Und auf den Werften, die ganz neu entstanden sind, recken Wippkräne ihre Ausleger vierzig, fünfzig und sechzig Meter hoch in die Luft. Bei Blohm & Voss zum Beispiel hat man das alte weltberühmte Helgengerüst nicht wiederaufgebaut; an seine Stelle sind sieben Kräne getreten, die jeweils 40 Tonnen schleppen können. Die Kräne, die den neuen 270 Meter langen Großhelgen der Deutschen Werft flankieren, setzen sich sogar mit 60 Tonnen in Bewegung.
Das Stichwort für diese Arbeitsweise heißt: Sektionsbau. Der Schiffbau wurde zu einem nicht unbedeutenden Teil in die Halle verlegt. Dort fertigt man zunächst die »Halbfertigteile«, die Sektionen. Im allgemeinen sind sie 30 bis 40 Tonnen schwer. Daraus wird das Schiff nach der Baukastenweise zusammengeschweißt. Von achtern nach vorn oder von der Mitte aus nach beiden Seiten wächst es langsam in die Länge und in die Höhe, täglich um zehn bis fünfzehn Sektionen; ein großer Tanker ist in etwa drei Monaten, doppelt so schnell wie früher, ablaufbereit.
Damit ist schon der Hauptvorteil dieser Methode genannt: die Bauzeit verkürzt sich erheblich; das vor allem deshalb, weil bei der Vorfertigung modernste Maschinen eingesetzt werden können. Das Anzeichnen der Platten erfolgt im optischen Anreißverfahren mit Hilfe eines Projektors. Und beim Schneiden der Platten, Stege und Gurtungen, aus denen eine Sektion entsteht, setzt man sogar vollautomatische Brennmaschinen ein; über ein in einen Projektor eingespanntes Glasnegativ werden sie fotoelektrisch gesteuert; niemand braucht sich dort noch aufzuhalten; sie bearbeiten die Platten, wie vorgezeichnet, automatisch; ein Mann, der im Steuerhaus alle Hebel und Knöpfe unter Kontrolle hat, genügt...
Die Sektionsbauweise bringt auch einen anderen Vorteil. Lediglich die Schweißer auf der Helling sind noch dem Wind und dem Wetter ausgesetzt. Die anderen haben in der Schiffbauhalle ein Dach über dem Kopf. Und sie können besser und sorgfältiger arbeiten; denn Kräne bringen die entstehenden Sektionen stets in die günstigste Lage – ein Überkopfschweißen ist nicht mehr notwendig. Selbstredend, daß man die Arbeitskolonnen besser einsetzen kann als früher, daß alles Material wie am Fließband – genau nach Zeitplan – herankommt.
Man übertreibt nicht, wenn man behauptet: eine Werft ist vor allem anderen ein Montagebetrieb. Das wird deutlich, wenn man berichtet, wohin das Geld fließt, das die Werften für ihre Neubauten kassieren. Im allgemeinen bleibt ihnen nur ein Betrag von etwa 30 Prozent; dreiviertel davon wiederum gehen als Löhne weg, mit dem Rest werden die sogenannten Regiekosten (allgemeine Werftunkosten, Verwaltung, Strom, und anderes) abgedeckt. Etwa 25 Prozent der Gesamtbausumme muß für die Antriebsanlage ausgegeben werden (manche Großwerft allerdings baut diese selbst, wenn auch meistens in Lizenz); und ebenfalls 25 Prozent sind für den Schiffbaustahl, die Bleche und Profile, zu zahlen. Bleiben noch 20 Prozent für die vielen Dinge, die man sonst an Bord benötigt.
Die Hapag hat einmal zusammengestellt, woher das Material sowie die Maschinen und Ausrüstungsgegenstände für ihr Kombischiff »Frankfurt« (8959 BRT) stammen: das Ruhrgebiet lieferte Eisen und Stahl; aus dem Bergischen Land, aus Remscheid und Solingen kamen Schlösser und Beschläge, Beleuchtungskörper und Wirtschaftsgeräte; aus Köln bezog man Dieselmotoren, aus dem Siegerland Herde und Küchengeräte, aus Berlin Turbinen, Elektromotoren, elektrische Apparate und Instrumente; in Hamburg bestellte man Sextanten, Magnetkompasse und den Schiffspropeller, in Bremen Deckshilfsmaschinen und nautische Geräte, in Neumünster Deckswinden, in Lübeck Rettungsgeräte und Ladewinden; aus dem Bayrischen Wald bekam man Glaswaren, aus Hagen die Wäsche, aus Baden das Leinen, aus Pforzheim das Silber, aus Bayern Porzellan und Wolldecken, aus Rendsburg Badewannen und aus Rathingen in Ostfriesland Waschbecken und Keramikwaren...
Man darf also sagen: ganz Deutschland baut an Hamburgs Schiffen.

96: 88 000-Tonner

Stünde nicht das kleine Wort »88 000-Tonner« unter dem Bild – selbst mancher Hamburger würde wohl ein wenig daran herumrätseln. Es entstand drei Monate vor dem Stapellauf des Riesentankers »Esso Spain«. Und es zeigt im Vorschiff die stählerne Binnenwand eines Rohöltanks, die so hoch ist wie ein siebengeschossiges Haus.

Supertanker dieser Größe passen kaum auf den Jungfernstieg; sie reichen von den Alsterarkaden bis über die Einmündung der Kolonnaden hinaus. Die »Esso Spain« nämlich, die von zwei Längs- und vierzehn Querschotten in 39 Tanks unterteilt wird und 88 000 Tonnen tragen kann, ist 261 Meter lang und gut 38 Meter breit. Bis zum Hauptdeck mißt sie in der Höhe 19 Meter, bis zum Schornsteintopp sind es fast 40 Meter, und so hoch ist keines der Häuser an der Prachtstraße der City. Die Howaldtswerke haben ihren Doppelhelgen für derartige Neubauten eigens um 25 Meter verlängert, und wer an Deck eines solchen dicken Dampfers will, hat auf der Helgentreppe 135 Stufen hinter sich zu bringen.

A propos Dampfer: die Tanker vom Typ der »Esso Spain« sind Turbinenschiffe, deren Maschine fast 27 000 PS leistet und für eine Geschwindigkeit von 17,5 Knoten gut ist. Eine einzige vierflügelige Schraube genügt; allerdings hat sie einen Durchmesser von 7,5 Meter, und sie wiegt 680 Zentner. Wer solche Superschiffe schwimmen sieht, kann sich ihre Ausmaße nur schwer vorstellen. Und das ist verständlich. Voll beladen nämlich liegt die »Esso Spain« mit ihrem Hauptdeck nur knapp fünf Meter über dem Wasser; 14,30 Meter geht sie dann tief. Die hamburgischen Raffinerien kann sie deshalb nicht mit Rohöl beliefern, und auch den Suezkanal passiert sie nur in Ballast oder allenfalls mit halbvollen Tanks. Das Revier dieser Schiffe sind vornehmlich die Routen vom Persischen Golf nach Japan und den USA. Es gibt in der Welt nur sehr wenige Häfen, die von ihnen angelaufen werden können. Sollte jedoch der bei Neuwerk geplante Vorhafen einmal Wirklichkeit werden, dann hat auch Hamburg einen Hafen für solche Schiffe.

Der erste Hochseetanker der Welt hieß »Glückauf«. Er wurde auf der Armstrong-Mitchell-Werft in Newcastle (England) gebaut und am 10. Juli 1886 in Dienst gestellt, von Wilhelm Anton Riedemann aus Geestemünde, dessen Waried-Reederei der Ursprung der heutigen Esso-Tankschiff-Reederei ist. Die »Glückauf« fuhr zusätzlich noch Segel, und sie trug 3000 Tonnen. Zwar gab es 1914 schon 10 000-Tonnen-Tanker, doch bis zum zweiten Weltkrieg gehörten Tankschiffe von 14 000 bis 16 000 Tonnen zu den Riesen. Und noch 1950 nannte man einen 25 000-Tonner einen »Supertanker«. Dann jedoch ging es Schlag auf Schlag. Weltweites Aufsehen erregte es, als die Howaldtswerke in Hamburg 1953 die »Tina Onassis« vom Stapel ließen, ein Schiff von 45 000 Tonnen, vielfach gefeiert als das Non-plus-Ultra. Aber diese Superlative hielten nicht lange vor. Ein 50 000-Tonner ist heute nichts als ein »Großtanker«, und in Japan ist man bereits dabei, 160 000 Tonnen tragende Schiffe zu projektieren.

Warum diese Entwicklung? Ganz einfach: Riesenschiffe kommen dem Reeder billiger. Das gilt sowohl für den Baupreis als auch für den Betrieb. Für die 60 Millionen Mark etwa, die ein 90 000-Tonner kosten mag, bekommt ein Reeder bei weitem nicht drei 30 000-Tonner geliefert. Vor allem aber: der Brennstoffverbrauch eines solchen Giganten ist niedriger als derjenige mehrerer kleinerer Schiffe, und in der Besatzungsstärke zeigt sich so gut wie kein Unterschied. Die »Esso Stuttgart« (47 000 Tonnen) zum Beispiel wird von 59 Mann gefahren, die fast doppelt so große »Esso Spain« benötigt nur drei Mann mehr.

»Sehen Sie«, sagte einmal ein Bootsmann, »vor fünfzig Jahren brauchten wir auf den großen Tiefwasserseglern, um 4000 Tonnen Last über den Ozean zu bringen, drei Dutzend Mann. Heute sind wir für die zwanzigfache Ladungsmenge fünf Dutzend. Ich kann Ihnen das auch anders vorrechnen: früher pro Nase 120 Tonnen, jetzt aber 1500 Tonnen.« Er erzählte das nicht ohne einen heimlichen Grientje, wohl wissend, daß dieser Vergleich hinkte und aus jener Kiste stammte, in der er sein Garn gespeichert hatte. Supertankerfahrer, die nur in Einzelkabinen wohnen und gleich den Passagieren eines Musikdampfers ein Schwimmbad besitzen, müssen zwar tüchtige Seeleute sein; Supermänner jedoch werden trotz der vielen zigtausend Tonnen nicht benötigt. Denn die Technik ist mit ihnen im Bunde. Die Ingenieure fahren in ihre Maschine eben mit dem Fahrstuhl hinunter. Trotzdem konnte sich seinerzeit Kapitän Simmgen, als er die »Esso Berlin« übernahm, diesen Satz nicht verkneifen: »Nun muß ich mir, um von vorn nach achtern zu kommen, auf meine alten Tage ja wohl doch noch einen Motorroller zulegen ...«

97: Övelgönne

In Övelgönne, dessen einseitig bebaute, am Fuße des Elbhangs entlangführende Straße nicht mehr ist als ein Fliesenweg für Fußgänger, in Övelgönne, wo sich bereits 1745 die Lotsen der Unterelbe zu einer Brüderschaft zusammenschlossen, wo man meinen mag, die Zeit stehe still, dort beginnt Hamburgs schönster Wanderweg, der Elbuferweg über Teufelsbrück nach Blankenese und darüber hinaus nach dem Falkenstein. Övelgönne ist eine der größten Überraschungen, die Hamburg zu bieten hat: unweit der nicht gerade sehr ansehnlichen Fischereihafengebäude, abseits von Beton und Glas und rastloser Tätigkeit eine Idylle im Grünen und Kaffeegärten mit Elbblick.

98: Bei Teufelsbrück

Betrieb ist auf dem Strom immer. Ganz gleich, an welchem Tag, zu welcher Stunde man an ihm entlangwandert. Unabhängig von den Gezeiten können die Schiffe in den Hafen einlaufen, können sie ihn auch verlassen. Allenfalls auf den ganz kleinen Pötten, Klütenewern, Schlickrutschern oder wie man sie immer nennt an der Küste, richtet der Schiffer es sich so ein, daß er nicht unbedingt gegen den Strom anzutuckern braucht. Wohlgemerkt: braucht! Für die Kapitäne der ganz dicken Schiffe dagegen, der Tanker, die an die elf Meter tief gehen, ist das Sicheinrichten ein Muß. Vollbeladene Riesenfrachter kommen im elf Meter tiefen Fahrwasser nur dann stromauf, wenn sie möglichst auf dem Scheitel der Flutwelle schwimmen, die ihnen gut zwei Meter Wasser mehr unter dem Kiel garantiert.

Die Unterelbe ist von Hamburg bis zur Mündung bei Cuxhaven 55 Seemeilen (102 Kilometer) lang; doch ist der Strom dort, bei der Kugelbake, nicht zu Ende; sein Wasser fließt auch noch durchs Wattenmeer hinaus, um erst allmählich mit dem der Nordsee eins zu werden. Das Feuerschiff »Elbe I«, 22 Seemeilen (etwa 40 Kilometer) außerhalb Cuxhavens stationiert, markiert das Ende dieser Stromstrecke, der Außenelbe.

Zwischen Hoch- und Niedrigwasser besteht bei weitem nicht überall der gleiche Unterschied. Cuxhaven zum Beispiel hat einen mittleren Tidenhub von 2,85 Metern; in Hamburg sind es 2,30 Meter. Auf dem Atlantik ist die Flutwelle nur wenige Dezimeter hoch – im Golf von Saint Malô bei Cherbourgh aber mißt man zwölf und in der Fundy Bay auf Neufundland sogar zwanzig Meter. Flache Küsten oder Trichtermündungen bewirken eben, daß die auflaufende Flutwelle sich »überhöht«, daß sie sich hochstaut.

Die Gezeitenwelle ist allerdings nicht identisch mit dem bei

Flut einströmenden Wasser. Während der Scheitel der Flut mit etwa 24 Kilometer in der Stunde elbauf kommt, mißt man eine stärkste Strömung von allenfalls sieben Kilometer. Die Flutwelle und der Wassertransport sind zweierlei, und deshalb auch dringt kein Nordsee-Salzwasser bis nach Hamburg vor; bei Glückstadt etwa ist die Grenze, dort befindet sich die Misch- oder Brackwasserzone. Im übrigen: früher verlief sich die Flutwelle bei Lauenburg; heute wird sie am Geesthachter Stauwehr schon vorher gestoppt.
Eine Tide, die Zeit von Hochwasser bis Hochwasser, dauert 12 Stunden und 25 Minuten. Das ist genau die Hälfte eines Mondtages. Wie denn auch der Mond mit seiner Anziehungskraft in erster Linie die Gezeitenbewegungen verursacht. In erster Linie – nicht allein nämlich. Doch davon gleich.
Der Mond zieht auf der ihm zugewandten Erdseite einen »Flutberg« hoch, und auf der ihm abgewandten bewirkt die Fliehkraft der rotierenden Erdkugel infolge der dort verminderten Anziehungskraft des Mondes die gleiche Erscheinung; daher tritt im Laufe eines Mondtages (24 Stunden und 50 Minuten) zweimal Hochwasser auf.
Doch hat die Sonne noch ihre Kräfte im Spiel. Wohl ist sie mit ihrer Masse dem Mond weit überlegen; dennoch kommt sie bei den Gezeiten über eine Nebenrolle nicht hinaus – weil sie so viel ferner ist. Allerdings: wenn die Kraft der Sonne mit der des Mondes in gleicher Richtung wirkt (bei Neumond und bei Vollmond), dann laufen die Flutwellen besonders hoch auf, dann spricht man von Springtiden; wenn Sonne und Mond jedoch »im rechten Winkel« zueinander stehen, dann schwächt die Sonne die Wirkung des Mondes ab, dann gibt es Nipptiden.
In Cuxhaven besteht im Durchschnitt zwischen Springtiden und Nipptiden ein Unterschied von etwa 70 Zentimeter, in Hamburg sind es rund 30 Zentimeter. Die Tatsache, daß die Springtiden auf der Elbe erst etwa drei Tage nach Neumond und Vollmond (und die Nipptiden entsprechend drei Tage nach dem ersten und dem letzten Viertel) eintreten, hat diesen Grund: entscheidend sind die Gezeiten auf dem Atlantik; die Nordsee ist davon nur ein »Anhängsel« – rund drei Tage braucht die auf dem Ozean erzeugte Flutwelle, bis sie bei uns eintrifft. Fragen auch wird man noch, warum die Flut in Hamburg ziemlich genau fünf Stunden dauert, die Ebbe aber fast siebeneinhalb; das kommt, weil bei Ebbe auch das sogenannte Oberwasser der Elbe, das Wasser, das sie aus Mitteldeutschland heranführt, abfließen muß.
Sturmfluten haben direkt mit den Gezeiten nichts zu tun. Natürlich ist die Gefahr, die sie bringen, in jener Stunde am größten, in der das Tidehochwasser seinen höchsten Stand erreicht. Ihre Entstehung jedoch besorgt der Wind. Wenn er lange in Sturm- oder Orkanstärke weht, dann schiebt er die oberen Schichten des Seewassers vor sich her und staut sie an den Küsten auf, und die hochbrandenden Wellen tun ein übriges, um die Deiche zu zerstören. Gefährlich ist für die sich nach Nordwesten öffnende trichterförmige Deutsche Bucht und die in etwa die gleiche Richtung strömende Elbe deshalb vor allem ein anhaltender Sturm aus Nordwest.
Bis zur großen Flut vom 17. Februar 1962 meinte man, eine Sturmflut von etwa 3,70 Meter Höhe über dem mittleren Tidehochwasser sei das Äußerste, was die Nordsee den Bewohnern der Küste bieten könnte. Man mußte sich in einer Katastrophe eines anderen belehren lassen. Auf etwa 4,20 Meter stieg diese Flut in der Elbe. Sie brach die Deiche an Dutzenden von Stellen, machte Tausende obdachlos und holte sich allein in Hamburg 313 Todesopfer.
Möglicherweise kommt eine solche Flut nur alle paar hundert Jahre vor. Doch weiß man auch: für die Zufälle von Wetter und Wind gibt es keine Regeln, gibt es keine vorbestimmten Pausen. Und man hat einsehen müssen, bei noch ungünstigeren Verhältnissen kann es auch Sturmfluten von 4,50 oder gar fünf Meter geben. Die Flut vom 17. Februar, die wahrscheinlich höchste, die Hamburg je erlebt hat, war zum Beispiel keine Springflut. Das heißt, sie ereignete sich außerhalb der Springzeit, jener Zeit, in der das Tidehochwasser infolge der gemeinsam wirkenden Anziehungskraft von Mond und Sonne am höchsten aufläuft. Wäre der 17. Februar ein Tag drei Tage nach Vollmond oder Neumond gewesen – es wäre noch schlimmer gekommen.

99–100: Sommer ...

So paradox es klingen mag – an der Küste haben Sommer und Winter etwas Gemeinsames. Beiden, möchte man sagen, mangelt es an Charakter. In der kalten Jahreszeit kennen die Hamburger vom Schnee eigentlich nur den Matsch; und in der warmen, behauptet man, sollen sie selbst bei strahlendblauem Himmel den Regenschirm auf keinen Fall zu Hause lassen. Was nur beweist: das Wetter ficht sie wenig an; sie sind stets darauf eingerichtet. Und sie nutzen die Sonne, wenn sie nur scheint: »Fahr'n wir mal zum Hafen runter!« – das sagt man in solchem Falle mindestens so häufig wie »Gehn wir mal zu Hagenbeck!«
Eine sommerliche Fahrt von Hamburg nach Helgoland gehört gleichfalls dazu. »Grön is dat Land, rot is de Kant, witt is de Sand«, das darf man nicht nur vom Hörensagen kennen. Ist doch auch die Insel ein Teil der hansischen Geschichte – wie es die Gefechte mit den Piraten Klaus Störtebecker und Godeke Michels zur Genüge beweisen, wie es schon Adam von Bremen vor tausend Jahren schrieb: »Dieser Ort hat einen Wert für alle Seeleute, vor allem für die Seeräuber, und darum erhielt er den Namen Heiligland«.
Eine Fahrt von Hamburg nach Helgoland und zurück ist ein Spezialvergnügen, das von morgens um sieben bis Mitternacht dauert. Gut drei Stunden bleibt man auf der Insel, der Rest ist Seereise und Elbefahrt. Mit dem 3700 BRT großen »Wappen von Hamburg« (unser Bild) darf man sie ungetrübt genießen, die Seefahrerei. Draußen, in den Wellen, dämpfen bewegliche Flossen das Schlingern des Schiffes, und auf der Elbe mag, wer will, sich in permanenter Siegesstimmung wähnen. Denn kein Dampfer ist dort schneller. 21 Knoten werden nicht überboten.

101–102: ... und Winter

Mit Eisgang ist auf der Elbe allenfalls von Dezember bis März zu rechnen. Mit Sturm jeden Tag. Trotzdem spricht man insbesondere von »Herbststürmen«. Das nicht zu unrecht. Denn kein Monat ist so sturmreich wie der Oktober, und diesem auf dem Fuße folgt der November. In der Außenelbe hat der Seemann, das langjährige Mittel zugrundegelegt, an 25 Tagen des Jahres einen Wind von Stärke 8 und mehr, stürmisches Wetter also, zu erwarten. Vier dieser Sturmtage beschert im Durchschnitt allein der Oktober. Seinen Kontrapunkt setzt der Mai mit (rechnerisch) nur 0,8 Sturmtagen.
Schuld an der windigen Misere des Herbstes ist natürlich der Nordatlantik, die große Wetterküche der Hamburger. Im Herbst ist sein Wasser vom Sommer her noch recht warm, weil es sich nur ganz allmählich abkühlt; zu dieser Zeit jedoch weht es vom Pol schon sehr kalt herunter. Kaltluft über warmem Wasser, das aber bedeutet: intensiver Wärmeaustausch und ergo besonders starke vertikale Verwirbelungen in der Atmosphäre; in der Sprache der Meteorologen: es bilden sich Tiefs; in der Sprache der Seeleute: das Barometer reist in den Keller. Je größer das Druckgefälle vom Hoch zum Tief, desto heftiger das Bestreben zum Ausgleich, desto stärker der Sturm.
Ein Praktiker, der britische Admiral Beaufort, hat dafür ge-

sorgt, daß es über Wind und Sturm in der internationalen Seefahrt keine Mißverhältnisse mehr gibt; er schuf die Beaufort-Skala. Weil er Engländer war, hielt er es natürlich mit dem Dutzend. Sie geht von 1 bis 12. Ihr letztes Drittel ist dem Sturm vorbehalten: der Stärke 8 (stürmischer Wind) folgen: 9 - Sturm; 10 - schwerer Sturm; 11 - orkanartiger Sturm; 12 - Orkan.

Es gibt in Ergänzung dazu noch die Petersen-Skala. Diese, bei den Seeleuten kaum weniger bekannt als die vom Admiral Beaufort, ist hamburgischer Provenienz, erdacht und in aller Knappheit aufgeschrieben von Kapitän Boie Petersen, dem Führer des größten und schnellsten Seglers aller Zeiten, des Fünfmastvollschiffes »Preußen« von F. Laeisz, der Reederei der Flying P-Liner. Die Petersen-Skala erlaubt es dem Seemann, die Windstärke auf dem Ozean genau zu schätzen. Für Stärke 9 (Sturm) zum Beispiel gibt sie an: »Hohe Wellenberge, dichte Schaumstreifen in Windrichtung, ‚Rollen' der See beginnt; Gischt kann die Sicht schon beeinträchtigen«. Und über Orkan wird darin gesagt: »Luft mit Schaum und Gischt angefüllt; See vollständig weiß; Sicht sehr stark herabgesetzt; jede Fernsicht hört auf«.

Orkan, Windstärke 12, kommt in der Nordsee nur sehr selten vor. Das beweisen die Messungen der Wetterleute. Weder während der Holland-Sturmflut von 1953 noch während der Flut vom 17. Februar 1962 wurde die Orkan-Grenze erreicht. Sie liegt nach der Rechnung der Meteorologen bei einer Windgeschwindigkeit von 64 Knoten oder 118 Kilometer in der Stunde. Orkanartiger Sturm kommt mit 56 bis 63 Knoten (103 bis 117 Kilometer in der Stunde) daher, schwerer Sturm mit 48 bis 55 Knoten (89 bis 102 km/h); Sturm herrscht, wenn 41 bis 47 Knoten (75 bis 88 km/h) gemessen werden. Und keineswegs ist es Seemannsgarn, wenn heute von Windstärke 13 gesprochen wird. Die Meteorologen nämlich haben die Beaufort-Skala noch erweitert. Eine Geschwindigkeit von 72 bis 80 Knoten (134 bis 149 km/h) ist für sie Windstärke 13, und sie setzen diese Skala noch fort ...

Sturm und Orkan sind für den Seemann, sind für die Bewohner hinter den Deichen und selbst für die Schiffe im Hafen gefährlich. Das Eis auf der Elbe dagegen ist eigentlich mehr ein Ärgernis denn Gefahr. Man weiß damit fertigzuwerden, man ist darauf vorbereitet. Für die Elbe stehen im Winter drei große Eisbrecher unter Dampf, darunter zwei von je 2000 PS, und im Hafen hält, wenn es not tut, gut ein halbes Dutzend stark und rundlich gebauter kleiner Schiffe den von der Oberelbe herunterkommenden Schollenteppich in Bewegung. Order: hier mol an den Kant dörch, dor mal an de Kant lang. Und wenn es denn sein muß: immer hinein mit Volldampf in die zwei bis drei Meter starken Barrieren, die sich an Engstellen wohl einmal zusammenschieben können.

Darauf nämlich kommt es an: das Eis darf sich nicht festsetzen; es muß treiben. Dann nämlich sorgen die Gezeiten dafür, daß es allmählich in Richtung See entschwindet. Der Ebbstrom ist der große Helfer der Eisbrecher. Mag die Flut noch so viele Schollen elbauf treiben – die Ebbe bleibt doch Sieger. Denn ihr Strom läuft mehr als sieben Stunden, die Flut dagegen bringt es nur auf fünf. Also geht das Eis sozusagen im Tangoschritt – zwei vor, ein zurück – in die Nordsee hinaus.

103: Ein Schiff muß fahren

Nur vier Tage war er im Hafen. Morgen ist er in Bremen, dann in Antwerpen, in Rio, Santos, Rio Grande del Sul, Montevideo, Buenos Aires. Auf der Rückfahrt sind es noch mehr Häfen, dauert's noch länger: Montevideo, Santos, Rio de Janeiro, Salvador, Recife, Antwerpen, Rotterdam, Bremen. Erst in drei Monaten wieder ist es so weit: ein Schiff wird kommen ...

104: Abend im Hafen

Abend im Hafen, das heißt nicht unbedingt Feierabend. Irgendwo wird dort immer gearbeitet. Ein gut Teil der Schiffe sogar trifft nachts ein, um am Morgen zur ersten Schicht löschbereit zu sein. Es gibt keine Pause.

Und es gibt keinen Stillstand für den Hafen. Er ist niemals fertiggestellt. Stets muß er sich auf Neues einstellen, auf andere Arten von Gütern, auf noch größere Schiffe, auf veränderte Verkehrswege im Weltwerkehr.

Wohl ist der Wiederaufbau nach den Zerstörungen, die der letzte Krieg anrichtete, so gut wie beendet. Nun jedoch gilt es, den Hafen auszubauen. Deshalb hat die Bürgerschaft (das Parlament) das Hafen-Erweiterungsgesetz verabschiedet. Damit ist sichergestellt, daß dem Hafen für eine weitere Ausdehnung ein Gelände von 2500 Hektar zur Verfügung steht. Im Raum der Alten Süderelbe werden, wenn sie notwendig sind, neue Hafenbecken ausgebaggert. Es werden vornehmlich Massenguthäfen sein, bestimmt für den Umschlag von Kohle, Erz, Mineralöl und anderen Rohstoffen. An ihren Ufern wird man Industriewerke errichten.

Hamburg geht damit den Weg der anderen großen europäischen Häfen: nicht nur Kaufmannshafen zu sein, sondern zugleich auch Platz einer bedeutenden Industrie, die sich mit Rohstoffen aus Übersee versorgt.

Dem gleichen Ziel dient das Vorhafenprojekt in der Außenelbe bei Neuwerk. Dort, wo heute noch zweimal am Tag die Flut das Watt überströmt, wird eines Tages eine große Insel aufgeschüttet werden, werden in naher oder ferner Zukunft Riesenschiffe an Kais und Löschbrücken festmachen. Denn dieser Vorhafen wird unmittelbar an der tiefen Nordsee liegen, an einer natürlichen Zwanzig-Meter-Rinne, die selbst von 100000-Tonnen-Frachtern jederzeit befahren werden kann.

Noch weiß niemand, wann dieses Projekt Wirklichkeit wird. Das hängt entscheidend von der Zukunft ab, von der wirtschaftlichen wie von der politischen Entwicklung. Die Bereitstellung von neuem Hafengelände und die Vorhafenplanung sind Vorsorge-Maßnahmen, nichts anderes.

Doch sind sie notwendig. Nicht zuletzt beweist das die Geschichte des Hafens. Die Hamburger haben in allen Jahrhunderten stets auch an die nächsten Generationen gedacht. Nur deshalb konnte ihr Hafen sich jeweils im entscheidenden Augenblick auf einen Wandel des Seeverkehrs schnell einstellen.

MIX
Papier | Fördert gute Waldnutzung
FSC® C083411

Zeitfracht Medien GmbH
Ferdinand-Jühlke-Straße 7
99095 Erfurt, Deutschland
produktsicherheit@kolibri360.de